牛群发病防控技术问答

主 编

叶远森

副主编

潘志忠　费景春

编著者

叶远森　吴殿军　潘志忠

费景春　付　军　周丽光

佘禄明

金盾出版社

内 容 提 要

本书由原中国人民解放军军需大学牛病专家叶远森教授主编。全书共分6章,内容包括:牛群发病防控基础知识、常见牛病毒性群发病的防控、常见牛细菌性群发病的防控、常见牛寄生虫性群发病的防控、常见牛营养代谢性群发病的防控和常见牛中毒性群发病的防控。内容丰富全面,突出了实用性、新颖性,文字通俗易懂,可作为养牛专业户、各级畜牧兽医工作者阅读参考。

图书在版编目(CIP)数据

牛群发病防控技术问答/叶远森主编. -- 北京:金盾出版社,2010.12

ISBN 978-7-5082-6701-2

Ⅰ.①牛… Ⅱ.①叶… Ⅲ.①牛病—防治—问答 Ⅳ.①S858.23-44

中国版本图书馆 CIP 数据核字(2010)第 210134 号

金盾出版社出版、总发行
北京太平路5号(地铁万寿路站往南)
邮政编码:100036 电话:68214039 83219215
传真:68276683 网址:www.jdcbs.cn
封面印刷:北京凌奇印刷有限责任公司
正文印刷:北京军迪印刷有限责任公司
装订:科达装订厂
各地新华书店经销
开本:850×1168 1/32 印张:4 字数:98千字
2010年12月第1版第1次印刷
印数:1~8 000册 定价:7.00元

目　录

第一章　牛群发病防控基础知识

1. 什么是牛的群发病?

牛群发病是指在一定时期内出现具有相同的发病原因、相似的临床症状、一定数量的患牛的群体性疾病。

2. 牛的群发病主要有哪些?

牛群处在相同的饲养管理条件下,饲料、饮水相同,环境气候相同,接触致病因素的机会均等,即环境条件对牛体的影响是一致的。所以,主要的群发病有:病毒性疾病、细菌性疾病、寄生虫性疾病、营养代谢性疾病和中毒病。

3. 牛的群发病有哪些特点?

牛群发病的主要特点有:有相似或相同的临床症状;有发病时间和地域的相近性;有共同的生活史或相似的气候环境;有一定的数量。

4. 如何诊断牛的群发病?

牛群发病诊断的主要方法有一般检查法、尸体剖检法和实验室检查法,其中一般检查法包括问诊、视诊、触诊、听诊、叩诊、嗅诊等;实验室检查则包括微生物检查法、寄生虫学检查法、毒物检查法、免疫学检查法等。

(1)一般检查法

①问诊　主要是向饲养管理人员及防疫员了解牛的发病情况及与牛病相关的一些情况。主要询问发病时间、发病数量、最初症

状及中间出现的特殊症状,转变后的精神状态、饮水、呼吸、反刍、行动、姿势、排粪、排尿等。如果发现同时发病,而且症状相同或相似,可怀疑为群发病。此时可重点询问本场及周围地区是否发生过类似疾病,预防接种的种类、途径及其他情况,并可进一步询问用药史,治疗情况等。如果是刚引进的种牛或肉用牛则需了解牛的来源、来源地的疫病发生情况、购进时间、购进时的检疫情况等。对上述情况了解清楚后,需要对饲养管理情况进行观察了解,要清楚饲料来源、种类、加工贮存及调制方法,日粮的配比组成、饲喂方法等,一般情况下突然更换饲料容易引起牛的食欲减退等症状。如果在饲喂过程中发现体壮、膘情好的先发病则应考虑是否为饲料中毒;大群牛突然发病且症状相似则可考虑急性中毒;如果饮水不清洁也可引起寄生虫病,病牛表现渐进性消瘦等。同时兽医人员还应了解牛场卫生管理情况,是否严格执行卫生防疫制度,对出入牛场的车辆、人员是否及时消毒等,如果不严格执行的话,很容易造成群发病的发生。

②视诊　是用肉眼观察病牛的整体状态及可视黏膜异常变化的一种诊断方法,有经验的兽医工作人员在接触病牛短时间内即可获得许多资料,为诊断疾病提供重要线索。视诊的主要诊断内容包括整体状态检查和可视黏膜检查。

整体状态检查主要观察牛的体况及营养状态、被毛、姿势、皮肤。体况良好的牛一般体躯较大、四肢粗壮、肌肉结实、结构匀称,不仅生产性能好,其对疾病的抵抗能力也较强。牛只在一定年龄下如果出现躯体较小、瘦弱无力,大部分是由发育迟缓所导致,可能患有慢性传染病(布鲁氏菌病、结核病等)、肠道寄生虫病、营养代谢病(佝偻病、维生素缺乏、微量元素缺乏等)。对牛被毛的检查主要观察被毛的光泽度,是否有皮屑及脱落现象等。一般情况下牛的寄生虫性疾病、营养代谢性疾病容易造成被毛粗糙、杂乱无光。对姿势的检查主要观察是否有异常的行为,如病牛出现兴奋不安、盲目运动、转圈、跛行、共济失调等。造成行为异常的疾病主要有神经性传染病、寄生虫病、中毒病、营养代谢病。对皮肤的观察主要看其光滑度、有无损伤、是否干燥等。如皮肤出现大量皮屑多见于螨病和真菌病,皮肤出现水疱、溃疡、糜烂等多见于口蹄疫、水疱病等。

对可视黏膜的检查主要包括眼结膜、口腔、鼻等。主要检查黏膜的颜色变化,形状变化等。如黏膜潮红见于全身性血液循环障碍和某些热性病,如中暑或饲料中毒等疾病;如黏膜苍白,为贫血特征,多见于寄生虫性疾病和伴有出血性肠炎的疾病;黏膜黄染,多见于引起肝脏损伤的疾病,如寄生虫病、钩端螺旋体病等;如出现黏膜发绀(紫色),主要见于心力衰竭、血液循环障碍时,如食盐中毒、亚硝酸盐中毒、炭疽病等。

③触诊 是常用的检查方法之一,是用手指或手掌对要检查的组织或器官进行触压和感觉的一种方法,群发病的诊断中常用其检查皮肤、体表淋巴结、脉搏等。

皮肤的检查主要检查皮肤温度、湿度、弹性、肿胀以及体表淋巴结等。体表淋巴结是机体的重要防御机构之一,除局部感染发生变化外,传染病的病原体侵入机体时首先进入淋巴结,淋巴结变化对某些传染病的诊断具有重要意义,尤其是群发病的诊断。一般主要检查部位有颌下淋巴结、肩前淋巴结、腹股沟淋巴结等。

④听诊 是用耳或听诊器听取牛只体内脏器运动时发出声音的一种检查方法。听诊不仅能辨别声音的性质是生理的还是病理的,还可确定声音发出的部位及范围大小。常听的部位有心脏、肺脏、胃肠等。

⑤叩诊 是根据叩打牛只体表所产生的声音的性质,以推断被叩打的组织和深在器官有无病理变化的一种检查方法。多用于叩诊胸腔。

(2)尸体剖检法 是利用病理解剖学知识,根据尸体的病理变化来进行诊断的一种方法。经过尸体剖检，可对群发病做出初步判断，为及早防控奠定基础。其剖检主要观察皮下组织有无出血等；对胸腔及内容物的检查，主要看是否有病理变化、破裂、寄生虫等；对腹腔的检查主要看肝脏、脾脏、胰腺、肾脏、胃肠、膀胱有无出血、肿胀、坏死、寄生虫等。

(3)实验室检查法 常用方法有：

①微生物检查法 对细菌进行培养、分离、鉴定，通过显微镜观察其形态、结构以及通过生化试验鉴定其生物化学特性，以及通过动物回归试验确定其病原菌。病毒的观察则需要在光、电子显微镜下观察。

②寄生虫学检查法 主要采取蠕虫检查法和原虫检查法。

③毒物检查法 主要采取动物试验检查法和毒物分析法。

5. 如何预防牛的群发病？

(1)加强饲养管理 加强饲养管理，增强体质和抗病能力，是预防畜禽传染病的根本措施之一。一要根据实际情况，将畜禽按性别、年龄、饲养目的等进行分群饲养，尽可能实行"全进全出"的饲养管理方式；要根据不同群体的营养要求，确定饲养标准和饲养方法，以保证其正常发育和健康，防止营养缺乏病的发生。二要创造良好的生长环境，保持圈舍清洁舒适，通风良好，空气新鲜，阳光充足，冬防寒，夏防暑。三要加强犊牛的饲养管理，使其尽早吃足初乳，以吸收较多的母源抗体而获得被动免疫；要提早补料，促进胃肠功能的活动；母畜在哺乳期，应给予营养丰富，含蛋白质、矿物质和维生素较多的饲料，保证母乳的质量；要做好产前免疫，保证母畜能向后代提供必要而充足的母源抗体。

(2)严格卫生防疫制度 建立健全防疫制度，防止疫病传入。本场人员进入生产区时，要换工作服和鞋；不准无关人员进入生产区，场外车辆、用具等不准进场；生产区和畜禽舍的入口处设消毒池,保持消毒药水有效浓度;畜舍要随时清扫,保持清洁卫生;不准在生产区内屠宰和解剖死亡动物,更不准乱扔动物尸体。有条件时,应定期对某些传染病进行血清学监测,掌握疫情,以便及时采取防治措施。

(3)疾病报告制度　要随时进行疫情监测,及时发现不良情况。兽医和饲养管理人员应每日早晚巡视牛舍,检查卫生状况,观察牛的精神状态、活动、采食、饮水及排便情况,发现异常牛后,工作人员应立即报告兽医人员;在发现传染病和病情严重时,应立即报告相关部门,并提出相应的治疗方案或处理措施。

(4)严格牛场的隔离制度　在购买牛时要严格隔离检疫,在隔离圈内隔离饲养2个月,确认健康后才能与健康牛合群饲养。病牛进入隔离圈后应有专人饲喂,严禁隔离圈的设备用具进入健康牛圈;饲养病牛的饲养员严禁进入健康牛圈;病牛的排泄物应经专门处理后再用作肥料;兽医进出隔离圈要及时消毒;病牛痊愈后经消毒后方可进入健康牛圈;不能治愈而淘汰的病牛和病死牛尸体应合理处理,对于淘汰的病牛应及时送往指定的地点,在兽医监督下处理;死亡病牛、粪便和垫料等送往指定地点销毁或深埋,然后彻底消毒。禁止从疫区购牛;引进种牛前,须经当地兽医部门对口蹄疫、结核病、布鲁氏菌病、蓝舌病、地方流行性牛白血病、副结核病、牛传染性胸膜肺炎、牛传染性鼻气管炎和黏膜病进行检疫,签发检疫证明书。

(5)严格消毒与杀虫灭鼠制度　牛舍应不定期地进行彻底清扫消毒,与本场无关的人员谢绝进入牛场,工作人员要严格遵守进出场消毒规定,禁止引进外来客人参观;消毒药应现用现配;牛场主要进出口通道必须设立消毒池,消毒池中的消毒药应定期补充更换;通过进出口通道的车辆与人员必须从消毒池上通过。同时,牛场应做好杀虫工作,制订好杀虫计划,定期进行对各种虫体的杀灭工作。杀虫可根据不同的目的、条件,分别采用物理、生物或药物杀虫的方法,现主要使用的是药物杀灭体内及体表寄生虫,还需注意夏天对蚊蝇、库蠓等吸血传染昆虫的杀灭与防范。

①体内寄生虫 4～6月龄犊牛用左旋咪唑、苯硫苯咪唑(芬苯达唑);配种前30天用左旋咪唑、苯硫苯咪唑驱虫1次;分娩后20天用哈罗松驱虫1次。

②体外寄生虫 4～6月龄犊牛用阿维菌素驱虫1次;配种前30天用阿维菌素驱虫1次。驱虫后排出的粪便应集中处理,防止散布病原体。

鼠类是多种传染病的传播媒介和传染源,可以传播的传染病有炭疽、布鲁氏菌病、结核病、口蹄疫、牛巴氏杆菌病等。要对鼠类进行严格清查,利用各种灭鼠方法进行消灭,尤其是饲料库,应布满各种捕鼠工具,用药物灭鼠时应注意远离饲料库,防止牛鼠药中毒。

(6)严格执行预防接种制度 牛场应根据《中华人民共和国动物防疫法》及其配套法规的要求,结合当地的实际情况,有选择地进行疫病的预防接种工作,而且应注意选择适宜的疫(菌)苗、免疫程序和免疫方法。

①定期监测 配合畜牧兽医行政部门定期监测口蹄疫、结核病和布鲁氏菌病,出现疫情时,采取相应净化措施。新引入肉牛隔离饲养期内采用免疫学方法,2次检疫结核病和布鲁氏菌病结果全部阴性者,方能与健康牛合群饲养。

②布鲁氏菌病免疫 犊牛出生后6月龄使用布鲁氏菌19号活菌苗第一次接种,18月龄再次接种。免疫过程中应注意人员的自身防护。

③口蹄疫免疫 每年春、秋两季各用同型的口蹄疫弱毒疫苗接种1次,肌内或皮下注射,1～2岁牛1毫升/次,2岁以上牛2毫升/次。注射后14天产生免疫力,免疫期4～6个月。

④狂犬病免疫 在狂犬病多发地区,皮下注射狂犬病疫苗25～30毫升,每年春、秋各1次。

⑤魏氏梭菌病免疫 皮下注射 5 毫升魏氏梭菌灭活菌苗,免疫期 6 个月。

⑥犊牛副伤寒免疫 母牛分娩前 4 周,根据疫苗说明,注射犊牛副伤寒菌苗。

⑦犊牛大肠杆菌病免疫 母牛分娩前 2～4 周,根据菌苗生产说明,注射犊牛大肠杆菌菌苗。

(7)严格合理的药物预防 对于细菌性传染病、寄生虫病,除加强消毒、免疫注射外,还应注重平时的药物预防,在一定条件下采取药物预防是预防牛群疫病的有效措施之一。一般用于某些疫病流行季节之前或流行初期。

①混饲 这种方法方便、简单、不浪费药物。适合于长期用药、不溶于水的药物及加入饮水中适口性差的药物,如犊牛断奶前后预防用药。

②混饮 把药物溶于饮水中,更方便使用。这种方法适合于短期用药、紧急用药。只适合能溶于水的且经肠道易吸收的药物。

③口服 直接把药物的粉剂、片剂或胶囊投入牛口腔。这种方法适合于牛的个体治疗。

④体内注射 对于难被肠道吸收的药物,为了获得最佳的疗效,常采用注射法。常用的注射法是静脉注射、皮下注射和肌内注射。此法可使药物吸收完全、剂量准确,可避免消化道的破坏。

⑤体表用药 如牛患有虱、螨、蜱等外寄生虫,可在体表涂抹或喷洒药物。

⑥环境用药 环境中季节性定期喷洒杀虫剂,以控制外寄生虫及蚊、蝇等。必要时喷洒消毒剂,以杀灭环境中存在的病原微生物。

6. 牛群发病用药有哪些注意事项?

根据不同牛群的饲养特点和不同疾病,选用合理的药物种类和使用方法。最好使用毒副作用小、价格较低的药物,注意合理配伍用药,切忌使用过期变质的药物,本着高效、方便、经济的原则,采取科学的药物预防措施。

(1)药物的选择 农业部对无公害肉牛生产中允许使用的兽药种类和使用准则做出了明确规定。允许使用消毒防腐剂对饲养环境、牛舍和器具进行消毒,但不能使用酚类消毒剂;允许使用国家兽药管理部门批准的微生态制剂;抗菌药、抗寄生虫药和生殖激素类药,应严格掌握用法、用量和休药期,未规定休药期的品种应遵循不少于 28 天;慎用作用于神经系统、循环系统、呼吸系统、泌尿系统的兽药及其他兽药;禁止使用有致畸、致癌和致突变作用的兽药;禁止添加未经国家畜牧兽医行政管理部门批准的《饲料药物添加剂使用规范》以外的兽药品种,禁用未经国家畜牧兽医行政管理部门批准作为兽药使用的药物;禁止使用未经国家畜牧兽医行政管理部门批准的用基因工程方法生产的兽药。

(2)用药注意事项 每一种药物都有它的适应征,在用药时一定要对症下药,切忌滥用,以免造成不良后果;注意剂量、给药次数和疗程,大多数药物,1 天给药 2～3 次,直至达到治疗目的。抗菌药物必须在一定期限内连续给药,疗程一般为 3～5 天。驱虫药等少数药物 1 次用药即可达到治疗目的。为了提高药效,常将两种以上的药物配伍使用,产生协同作用。但配伍不当,则可能出现疗效减弱即拮抗作用或毒性增加的毒性反应;在用药时必须根据病情的轻重缓急、用药目的及药物本身的性质来确定最佳给药方法。如危重病例宜采用静脉或肌内注射;治疗肠道感染或驱虫时,宜口服给药。肉牛出栏前按规定停药。

7. 如何进行病料的采集和送检?

病料的采集、送检是动物疫病诊断的一个重要环节,其中的每一细节出现问题都将影响最终动物疫病诊断结果的准确性。在病料的采集过程中可根据不同种类,不同的疾病或检验目的,采其相应的脏器、内容物、分泌物、排泄物或其他材料。采样时应小心谨慎,以免对动物产生不必要的刺激或损害和对采样者构成威胁。采样时应做好人身防护,严防人兽共患病感染。做好环境消毒和病害肉尸的处理,防止污染环境和疫病传播。

(1)病料的采取

①微生物学检验病料的采取

A. 血液 生前采血,可从颈静脉,用10～20毫升注射器,吸取4‰枸橼酸钠溶液1毫升,从静脉采血10毫升,混匀后,注入试管或小瓶中加塞。有条件者在采样的同时做血涂片数张,一并送检。

B. 乳汁 先用消毒液对乳房、乳头和采样人员的手进行清洗消毒,弃去前3把乳液,然后采乳10～20毫升,注入灭菌试管或小瓶中。

C. 脓汁、水疱液、水肿液和渗出液 开放的化脓灶可用灭菌的棉拭子蘸取脓汁,放入试管中。最好用注射器刺入未破脓肿,吸出脓液,注入灭菌容器中。水疱液和水肿液可用注射器吸取,尸体剖检后的胸水、腹水、心包液、关节囊液等可用灭菌吸管吸取,置灭菌容器。水疱性传染病,如口蹄疫、猪水疱病等,除水疱液外,还可剪取小块疱皮置小瓶内,一并送检。

D. 鼻液 以灭菌棉拭子揩取鼻黏膜上的分泌物置灭菌试管内,疑为病毒的材料,可将棉拭子上的分泌物洗入加抗生素的肉汤中。

E. 粪便 以清洁玻棒挑新鲜粪便少许(1克左右)置小瓶内,或用棉拭子自直肠内掏取。怀疑结核时,可刮到直肠黏膜送检。

F. 淋巴结、肝、脾、肺、肾等 淋巴结可连同周围脂肪整个采取,其他器官可选病变明显部位,以无菌操作剪取一块(1～2立方厘米的小方块),分别置于灭菌容器中,另取少许制触片数张,一并送检。

G. 肠 选取适宜肠段(6～7厘米),两端结扎,在结扎线外端剪断,置于玻璃容器或塑料袋中。

H. 胆汁 可采整个胆囊置一塑料袋中,或以消毒注射器吸取胆汁数毫升,注入容器内。

I. 脑和脊髓 将脑和脊髓取出,浸入适当保存液中,或将头部整个割下,用浸过3%苯酚的纱布包裹,装在塑料袋内。

J. 小家畜、家禽的尸体和流产胎儿处理 可用消毒液浸过的纱布包裹后,装入塑料袋中,整个送检。

②血清学检验材料的采取 某些慢性传染病常采血清进行血清学检验。猪可自耳静脉或前腔静脉,家禽自翅静脉,其他家畜自颈静脉,以无菌操作采血3～5毫升,置无菌试管中摆成斜面,待血液充分凝固后才可竖起。待血清充分析出后,或离心分离血清,以无菌滴管吸出血清,置一消毒的青霉素小瓶内,加塞送检。为防止送检途中血清腐败变质,可在血清中加防腐剂(每毫升加5%苯酚1滴或0.2%硫柳汞溶液1滴)。当乙型脑炎、钩端螺旋体病、流感等某些传染病进行血清学检查时,需采双份血清,即在急性发热期采一份血清,在康复后2～3周,再采一份血清,两份血清一并送检。

③病理组织学材料的采取 疑为某一传染病时,可根据其病的要求取材,未能确定为何种疫病时应普遍取材。取材时应选择典型病变的部位,连同邻近的健康组织一并采取。如果某种组织器官具有不同病变时应各采一块,所采标本均切成1～2平方厘米大小,用清水冲去血污后,立即浸入固定液中。

常用的固定液为10%福尔马林或95%酒精,固定液的用量须为标本体积的10倍以上。如果用福尔马林固定应在24小时后换新鲜溶液1次,脑、脊髓组织需用10%中性福尔马林溶液(40%甲醛100毫升,加酸性磷酸钠4.0克,加磷酸氢二钠6.5克,最后加入蒸馏水900毫升即可)固定。

一头病畜的标本可装在一个瓶内,如同时有几头病畜的标本,可分别用纱布包好，每包附一纸片，纸片上用铅笔标明病畜的号码。

(2)病料的保存　用于微生物检验的病料必须保持新鲜，避免污染、变质。如病料不能立即送检时，应加以保存，以免变质。无论细菌还是病毒检验材料，最佳的保存方法均为冷藏。装送检材料的玻璃瓶须用橡皮塞塞紧，用蜡封固，置装有冰块的冰瓶中迅速送检。没有冰块时，可在冰瓶中加冷水，并加入等量的硫酸铵（化肥用硫酸铵即可），搅拌，使之迅速溶解，可使水温降至 0℃ 以下，将装样瓶浸于液中送检。夏天途中时间长时，要换液 1 次或数次，或途经地方换冰块冷藏。

亦可将病料浸于保存液中，细菌检验用病料，可用饱和盐水或 30% 甘油缓冲液，病毒材料可用 50% 中性甘油缓冲液，以上保存液均需充分灭菌后应用，通常用 15 磅蒸汽压力灭菌 30 分钟。如无高压灭菌设备，可将瓶口加橡皮塞，用纱布包好扎紧，置饱和盐水内煮沸 40 分钟，冷却备用。

(3)病料的送检

①病料的记录和送检单　病料在容器和玻瓶上编号，并详加记录。送检时应复写送检单一式三份，一份存查，两份寄往检验单位，检验完毕后退回一份。

②病料的送检　微生物检验用病料尽可能专人送检。送检时除注意病料冷藏保存外，还必须将病料妥为包装，避免破损散毒。用冰瓶送检时，装病料的瓶子不宜过大，并在其外包一层棉花，途中要避免振动、冲撞，以免碰破冰瓶。远途可将冰瓶航空托运，并电传检验单位，及时提取。

血清学检验和病理组织学检验材料可妥善包装后邮寄。

(4)注意事项

其一，合理取材。不同疫病要求采取不同的病料，怀疑哪种病就应按照该病的病料要求采集病料，这样送检的目的明确，检验工作就少走弯路。如果弄不清类似哪一种疫病时，就应全面取材，或根据临床和病理变化有所侧重。有败血症病理变化时,则应采心血和淋巴结、脾、肝等;有明显神经症状者,应采取脑、脊髓;有黄疸、贫血症状者,可采肝、脾等,此外还可选取有病变的器官送检。

其二,如有多数牛发病,取材时应选择症状和病变典型、有代表性的病例,最好能选送未经抗菌药物治疗的病例,犊牛等可选择典型病例生前活体送检,或整个尸体送检。

其三,死后要立即取材,夏季不超过 4 小时,拖延过久,则组织变性、腐败,影响检验结果。

其四,剖检取材之前,应先对病情、病史加以了解,并详细进行剖检前检查。如可疑为炭疽时(如突然死亡、皮下水肿、天然孔出血、尸僵不全,尸体迅速膨胀等)则禁止解剖,可在颈静脉处切开皮肤,以消毒注射器抽取血液做血片数张,立即送检,排除炭疽后,才可剖检取材。

其五,除病理组织学检验病料及胃肠内容物外,其他病料应以无菌手续采取,器械及盛病料的容器须事先灭菌。刀、剪、镊子、针头和注射器等可煮沸消毒 30 分钟,刀、剪、镊子等金属器材也可用蘸取酒精点燃灭菌的方法。试管、平皿、棉拭子等可用高压灭菌或干热灭菌,如无上述器材和消毒条件时,可用煮沸消毒。软木塞、橡皮塞等亦可煮沸消毒。载玻片应事先洗擦干净。

其六,为了减少污染的机会,一般先采取微生物学检验材料,然后再取病理组织学检验材料。微生物学检验材料应每一病料装一容器,而且每采一病料,就换用一套灭菌器械(刀、剪、镊子等)。器械不足时,用过的器械须用酒精棉球擦净后,蘸取 95%酒精,点燃烧灼灭菌,待冷却后,方可用来采取另一种病料。

其七,有条件做细菌培养的场合,在尸体剖开后先进行细菌培养,然后采样。细菌培养通常取心血和肝、脾等,先取一小棉球蘸取 95%酒精,点燃后在脏器的表面烧灼消毒,然后用灭菌小刀切一小口,以铂耳自小口深处取材料接种。

第二章　常见牛病毒性群发病的防控

1. 如何防控牛瘟？

牛瘟又叫烂肠瘟、胆胀瘟，是由牛瘟病毒引起以各黏膜特别是消化道黏膜发生卡他性、出血性、纤维素性坏死性炎症为特征的一种急性败血性传染病。

【流行病学】　病毒主要存在于病牛的血液、内脏及体液中，并随分泌物排出体外。主要经消化道传染。也可经胎盘侵入胎儿。媒介昆虫的机械性传播也是有可能的。本病一旦发生，传播迅速，死亡率高。

【临床症状】　病牛体温升高至 40℃ 以上，精神沉郁，结膜潮红，有黏液脓性分泌物，眼睑肿胀。口腔流涎，口腔黏膜出现弥漫性充血，并于舌下、齿龈、唇内和颊内出现小米粒大灰色或灰黄色小点，似麸皮撒在黏膜上一样，逐渐汇合成假膜，易被剥脱，遗留下边缘不整的红色烂斑。剧烈腹泻，粪便带血或混有坏死脱落的肠黏膜碎片。妊娠母牛常流产，病牛迅速衰竭，一般经 4～7 天死亡。

【防控措施】　我国现已消灭了牛瘟。对本病的预防关键是加强口岸检疫，防止带入病牛或病毒。

2. 如何防控牛海绵状脑病？

牛海绵状脑病又称"疯牛病"，是 1985 年美国首次发现的一种由朊病毒引起的一种亚急性、渐进性、致死性的中枢神经系统性传染病。以潜伏期长、病情逐渐加重、行为异常、运动失调、轻瘫为特征。

【流行病学】　本病可以感染不同品种和性别的牛，多发生在

3～11 岁的母牛,以 3～5 岁的居多。没有明显的流行季节性,一般为散发。患痒病的绵羊、种牛及带毒牛可能是本病的传染源,但不能由牛直接传染给牛,而是由于病牛采食了反刍动物(羊、牛)含有朊病毒的肉骨粉引起;同时,本病也可以通过胎盘垂直传播,是典型的遗传病。野生动物和公园里的偶蹄动物也可感染。据报道,疯牛病有传染给人的危险。

【临床症状】 本病程一般为 14～180 天,潜伏期长达 4～6 年,甚至更长。不同患病动物其症状不尽相同。多数病牛中枢神经系统出现变化,对声音和触摸过分敏感,行为反常,步态不稳,烦躁不安,经常乱踢以至摔倒、抽搐,并表现出攻击性。最后共济失调,强直性痉挛,粪便坚硬,两耳对称性活动困难,心搏缓慢(平均 50 次/分),呼吸频率增快,体重下降,极度消瘦,以至死亡。

【防控措施】 目前本病尚无有效治疗方法和预防疫苗。发生本病后,对病牛一律采取扑杀和销毁措施。我国农业部采取了积极的防范措施,禁止从有疫情的国家和地区进口易感动物和在饲料中添加动物性饲料;严禁病牛宰后食用。只有坚决执行这一规定,才能最终保证我国不发生疯牛病。

3. 如何防控蓝舌病?

蓝舌病是以昆虫为传染媒介的反刍动物的一种病毒性传染病。因病畜舌、齿龈、颊部黏膜充血、淤血而变青,故称蓝舌病。本病最早于 1876 年发现于南非的绵羊,1906 年定名为蓝舌病。1943 年发现于牛。1979 年我国云南省首次确定绵羊蓝舌病,1990 年在甘肃省又从黄牛中分离出蓝舌病病毒。

【流行病学】 病畜是本病的主要传染源。库蠓是本病的主要传播媒介,所以本病的发生有严格的季节性,多发生在湿热的夏季和早秋。库蠓吸吮带毒血液后,叮咬健康牛时,即可发生传染。同时,也可通过交配和人工授精传染给母牛,通过胎盘感染胎儿。

【临床症状】　牛感染后,绝大多数呈亚临床经过,仅5%的牛可显示轻微症状。病初体温升高,食欲不振、精神委顿、流涎,口唇水肿,口腔黏膜轻度糜烂,致使吞咽困难;随着病情发展,在溃疡损伤部位渗出血液,唾液呈红色,口腔发臭。鼻流炎性、黏性分泌物,鼻孔周围结痂,引起呼吸困难和鼾声。有时蹄冠、蹄叶发生炎症,触之敏感,呈不同程度的跛行,甚至膝行或卧地不动。

【防控措施】　①严禁从有本病的国家和地区引进种牛,做好购牛检疫。②加强疫情监测,发现疫情及时上报,按疫病扑灭要求处理。③加强饲养管理,消灭传染媒介。严防用带毒精液进行人工授精,定期进行驱虫,控制和消灭本病的媒介昆虫,做好牧场的排水工作;夏季可用0.2%的除虫菊酯煤油溶液每隔1周进行全牛场喷雾1次。④做好疫苗接种。目前,该病所用疫苗有弱毒疫苗、灭活疫苗和亚单位疫苗,以弱毒疫苗比较常用。在流行地区可在每年发病季节前半个月接种疫苗;在新发病地区可用疫苗进行紧急接种。

4. 如何防控牛传染性鼻气管炎?

该病是由牛传染性鼻气管炎病毒引起的一种急性发热性、接触性传染病,也称Ⅰ型牛疱疹病毒病。该病主要以呼吸道黏膜发炎,出现咳嗽、流鼻液和呼吸困难为特征,有时也可以发生阴道炎、龟头炎、结膜炎、角膜炎、子宫内膜炎、流产、乳房炎、脑膜脑炎等其他病型。

【流行病学】　本病在秋、冬寒冷季节较易流行。过分拥挤、密切接触的条件下易迅速传播。长途运输、运动、发情、分娩等应激因素均与本病发病率有关。一般发病率为20%~100%,死亡率为1%~12%。在自然条件下,仅牛易感,其中以20~60日龄的犊牛最易感,且病死率较高。肉用牛比乳用牛易感。病牛和带毒牛是主要传染源。病毒随鼻、眼、阴道分泌物排出体外,易感牛通过吸入污染的空气、飞沫经呼吸道感染。隐性感染的种公牛因精液带毒，所以交配也可感染此病。

【临床症状】 自然感染潜伏期一般为 4～6 天。根据侵害的组织不同，本病有 5 种临床类型，但往往是不同程度的同时存在，很少单独发生。

①呼吸道型 为本病最常见的一种类型。病毒首先侵入上呼吸道黏膜，引起急性卡他性炎症，经 1～2 天，病牛出现高热（40℃～42℃），精神沉郁，厌食，呼吸频率加快（40～80 次/分）。随着病情发展，鼻流大量浆液性分泌物，后变为浓稠的黏液脓性分泌物，并常混有血液。随病情进一步加重，鼻黏膜高度充血、溃疡，鼻中隔黏膜可见到白色斑块，有时在外鼻孔或鼻镜处也可见到；鼻镜、鼻翼发炎充血，呈淡红色，故常有"红鼻子病"之称。病程 7～10 天。以犊牛症状急而重，常因窒息或继发感染而死亡。

②生殖道型 又称传染性脓疱性外阴阴道炎。由交配感染，一般潜伏期在 1～3 天。开始时发热，精神沉郁，无食欲，尿频、有痛感。外阴部有不等量的黏液性分泌物，阴道黏膜上散在大量小白色病灶，可发展为脓疱，易结痂，脱落后形成擦破面。公牛可发生生殖道黏膜充血，龟头包皮炎、包皮皱褶、阴茎包皮上出现脓疱、肿胀。

③结膜角膜型 表现结膜角膜炎，以结膜炎症和角膜浑浊为主要临床症状，不发生角膜溃疡，常与呼吸道型合并发生。病初见浆液性分泌物，后期变为脓性分泌物。症状轻者可见结膜水肿，结膜上可形成灰黄色颗粒状坏死膜，严重者眼结膜外翻。角膜浑浊呈云雾状。仔细检查结膜和角膜时可见白色坏死斑点或脓疱。

④流产型 主要引起母牛流产，一般见初胎青年母牛，也可发生于经产母牛。妊娠牛可在感染后的数日或数月发生流产，非妊娠牛可因卵巢功能受损害导致短期内不孕。其他临诊类型或隐性感染都可导致母牛的流产。妊娠后期感染者可引起死胎或木乃伊胎。

⑤脑膜炎型 又称神经型,多发生于 4～6 月龄犊牛,多是先有呼吸道症状,以后出现感觉、运动失常。病初表现为流涕流泪,呼吸困难,之后肌肉痉挛,转圈、乱撞,兴奋和沉郁交替出现,共济失调,部分病牛失明。病程 4～5 天,发病率低但病死率极高。

【防控措施】 目前对本病的治疗尚无特效药物,一旦发病,应立即隔离病牛,对症处理。主要采取增强机体的抵抗力,防止细菌继发感染,采用抗生素及抗病毒药物并配合对症治疗。加强饲养管理、改善卫生条件和防疫隔离措施可防止本病的传播。

加强免疫接种,种用母牛可在第一次配种注射疫苗 1 次;为避免妊娠母牛流产和种公牛精液带毒,建议妊娠母牛和种公牛不进行接种;由于犊牛从母乳中获得了母源抗体,其保护力可达 6 个月,所以建议 6 个月后再注射疫苗。现阶段本病的疫苗以弱毒苗和灭活苗为主。可根据地区情况选择适合疫苗进行免疫接种。

对情况较为复杂的脓疱性阴道炎及包皮炎,可用消毒药液,如 0.1%高锰酸钾液、0.1%新洁尔灭溶液等进行局部冲洗,洗净后涂布抗生素软膏,每天 1～2 次。

5. 如何防控牛恶性卡他热?

牛恶性卡他热是由恶性卡他热病毒引起牛的一种急性、发热性、高度致死性传染病。特征为高热稽留、眼口鼻黏膜剧烈发炎、角膜混浊、呼吸困难、极度消瘦并伴有脑炎症状等。

【流行病学】 该病毒属于疱疹病毒属,主要存在于病牛的脑、血液、脾等组织中。绵羊是本病的自然宿主和传播媒介。本病在牛群中一般呈散发,有时也可能发生地方流行,其传播均与绵羊接触有关。传播途径多为呼吸道,吸血昆虫也可能有传播作用。一年四季均可发生,以冬季、早春发生较多。

【临床症状】 潜伏期 3～8 周。临诊类型有最急性型、头眼型、肠型及皮肤型。其中头眼型最为常见。

①最急性型　突然发病,体温高达 41℃～42℃,稽留不退,食欲减退,反刍减少,饮欲增加。同时,可见眼结膜潮红、浑身寒战、呼吸困难,未表现出眼口鼻的特征症状,于 1～2 天内死亡。

②头眼型　本型最为常见。病程为 5～14 天。病初体温高达 40℃以上,稽留不退。精神不振、意识不清、反刍减少或停止,起初便秘,后腹泻,全身迅速虚弱。其特征性变化是眼、口、鼻黏膜剧烈发炎,双眼羞明,眼睑肿胀闭合,流泪,常有脓性及纤维素性分泌物,角膜浑浊甚至发生溃疡,最终完全失明。同时,会出现鼻镜干裂、糜烂或坏死;口鼻黏膜充血、糜烂或溃疡,覆有污灰色假膜,其味恶臭;额窦和角窦发炎致使局部发热,角根松动甚至角脱落。有时会出现兴奋症状,最后全身麻痹。

③肠型　病牛高热稽留,严重腹泻,粪便如水样,恶臭,混有黏液、纤维素性假膜和血液,后期粪便失禁。本型死亡率极高。

④皮肤型　其他症状不明显,会在皮肤上出现丘疹、疱疹、龟裂、坏死等,关节显著肿大。

【防控措施】　目前,无特效的治疗药物,也没有免疫预防疫苗。所以需要加强饲养管理,定期消毒,给予优质饲料,增强机体免疫力。同时控制本病最重要的措施是禁止牛和羊同群同牧,不让牛、羊接触,发现本病应立即隔离病牛并严格消毒,对病牛进行对症治疗,防止继发感染。

出现头眼型症状的可用下列溶液洗涤眼、鼻、口腔黏膜:0.1%～0.5%来苏儿或克辽林溶液;0.1%硫酸铜溶液;0.1%高锰酸钾溶液;2%～3%碳酸氢钠溶液等。

出现其他症状应对症治疗,可进行补液,用抗生素防止继发感染等。

6. 如何防控牛白血病?

牛白血病又称牛造血细胞组织增生症、牛淋巴肉瘤、牛恶性淋巴瘤、地方性白血病等。是牛的一种病毒引起的慢性肿瘤性疾病。临床上以淋巴细胞异常增生为特征。

【流行病学】　该病病原体为牛白血病病毒。病牛和带毒牛是本病的传染源。本病主要发生于成年牛，尤其以 4～8 岁的牛最多见。奶牛最易感，肉牛次之。其传播途径主要是经水平传播方式传染，通过吸血昆虫叮咬传播或者通过病牛的粪便、尿液以及其他分泌物接触传播；同时，该病也可以垂直传播方式传染给后代。据报道，该病的发生有一定的家族史，某些易感牛的家族发病率可达 30%～100%。

【临床症状】　该病主要有两种临诊类型。一种是亚临诊型，即多数病牛不呈现症状，只在血液中出现抗体，但奶牛产奶量会急剧下降，仅有个别奶牛出现临床症状，大部分牛带毒但无肿瘤症状。

另外一种是临诊型，该型主要表现为体温正常、消瘦、贫血、产奶量明显下降。体表和内脏淋巴结肿大。肿大的淋巴结光滑，可移动，无热无痛。当器官及其淋巴结受侵害时，则可引起相应的症状，如呼吸困难、吞咽障碍、心动过速、心音异常、胃肠慢性臌气或顽固性腹泻、眼球突出以及跛行、共济失调、不全麻痹乃至完全麻痹等。发病后，有的很快死亡，有的持续数周或数月后死亡。

【防控措施】　本病尚无特效疗法，也无特异性免疫试剂。对本病的防控要采取综合防治措施，加强饲养管理，减少传播机会。

禁止引入病牛和带毒牛或染毒精液；加强检疫，发现病牛及时隔离，严重的及时淘汰；加强饲养管理、做好清扫消毒工作，驱杀吸血昆虫，杜绝因注射、手术等引起交叉传染；病牛所繁殖的后代不能留作种用。

7. 如何防控牛流行热？

牛流行热是由牛流行热病毒引起的牛的一种急性热性传染

病。其特征为高热、流泪、浆液性鼻液、流涎和上呼吸道炎症以及跛行。大部分病牛取良性经过,在2～3天内可恢复正常,故又称"三日热"或"暂时热",俗称"牛流感"。

【流行病学】 本病的易感动物主要是牛,不同品种、性别、年龄的牛均可感染,以3～5岁牛发病率高。病牛是传染源,病毒主要存在于发热期的血液中。有明显的季节性,主要流行于蚊蝇多的夏季和秋初,多雨潮湿容易诱发本病。在自然条件下,通过吸血昆虫的叮咬经皮肤感染。其传播迅速,发病率高,死亡率低,病程短,多为良性经过,但能引起大群牛发病,对产奶量影响显著。

【临床症状】 本病潜伏期为3～7天。患牛突然发病,开始1～2头,迅速波及全群。皮温不整,精神沉郁,食欲大减,体温高达40℃～42℃,稽留热,维持2～3天。初期便秘,后腹泻,并伴有血液。眼结膜充血,大量流泪,不断流涎,口角周围有许多白色泡沫;鼻分泌物增多,先呈浆液性,后呈黏性;出现严重呼吸困难。心跳80～125次/分,呼吸60～110次/分,不时呻吟。妊娠母牛多发生流产或死胎。有的病牛关节疼痛,不愿走动,强行走动则步态不稳,并有游走性或固定性跛行症状。重症病牛气喘声似拉风箱,发病后很快形成皮下气肿,更严重病例卧地不起;四肢尤其后肢出现麻痹现象。病牛死亡前往往呈现中枢神经性脑炎症状,如兴奋不安,痉挛倒地,昏迷不醒,或卧地呈瘫痪状态。

【防控措施】 目前尚无特效治疗药物,可以进行疫苗接种进行预防。主要防治措施有:①消灭蚊蝇,可用药物喷洒牛舍及周围排粪沟进行灭蚊蝇;也可以用防虫网进行防范,避免媒介昆虫的侵入。②严格执行免疫接种,在发病区对健康牛群用流行热亚单位苗或灭活苗进行预防注射,首次免疫后,过3周再免疫1次。一般免疫期为6个月。③一旦发现本病流行,应及时隔离病牛,并对环境彻底消毒。对疑似病例可及时注射高免血清进行紧急预防。对病牛可进行及时治疗。④综合防治,减少损失。多数病牛可自行好转,但对出现其他症状者可按以下治疗原则进行救治:抗病毒、抗菌消炎、清热解毒;采用对症疗法和防止混合感染或继发感染综合治疗。体温升高时,可肌内注射氨基比林、安痛定等解热镇痛药;使用抗生素及磺胺类药物可防止并发感染。

8. 如何防控牛病毒性腹泻?

牛病毒性腹泻是由病毒引起的一种牛的急性、热性、接触性传染病。多数呈隐性感染。临床特征以发热、口腔及消化道黏膜糜烂或溃疡、咳嗽、腹泻、流产及胎儿异常等。

【流行病学】　病原体为牛病毒性腹泻病毒。本病的主要传染源为患病牛及带毒动物,其病牛的鼻液、泪液、尿液、粪便、乳汁及精液等分泌物均含有病毒,急性期病牛的血液中含多量病毒。主要通过消化道、呼吸道和生殖道传播,也可经胎盘垂直传播,并引起流产和死胎。在自然情况下任何品种的牛均可感染此病,但幼龄牛更易感。本病的发生不分季节性,常年可发生,但多发于冬、春季节。如果是新疫区可呈全群暴发,而在老疫区多见散发轻型病例。感染此病耐过的牛可产生坚强而持久的免疫力。

【临床症状】　本病潜伏期一般为1~2周。临床上主要以急性型或慢性型经过。

①急性型　常见于幼犊,病死率较高。主要表现为突然发病,体温高达40℃~42℃,一般持续2~3天。病牛精神沉郁、厌食、咳嗽,呼吸急促,流涎,流浆液性乃至黏液性鼻液等。有时呈双相热。口、鼻、舌黏膜发生糜烂或溃疡,烂斑不易被发现,过后出现腹泻症状,腹泻稀如水,并混有大量黏膜、血液和小气泡,恶臭。有的奶牛不出现腹泻,但其泌乳减少或停止。有些肉牛病例可发生趾间皮肤溃疡、蹄冠炎、蹄叶炎而导致跛行,同时也可见角膜水肿。重症病牛多于5~7天内因急性脱水和衰竭而死。妊娠母牛感染本病时,可发生流产、木乃伊胎或引起多种先天性畸形等。病毒还

可引起卵巢炎和精子畸形,成为不育症的可能原因。

②慢性型　多由急性型转来。其临床症状不明显,逐渐发病,消瘦、生长发育受阻。有的可见鼻镜上连成一片的糜烂处,此为本病慢性经过的特殊症状。大多慢性经过的病牛会出现持续性或间歇性腹泻,流鼻液,流泪,或流黏稠透明的分泌物。有的发生慢性蹄叶炎和严重的趾叉间坏死,病牛跛行。有的皮肤皲裂,出现局限性脱毛和表皮角化。这种病牛通常呈持续感染,发育不良,大部分病牛于2～4个月内死亡或被淘汰。

【防控措施】　目前该病尚无特效疗法,但已经有弱毒苗供预防接种,免疫保护时间较长。具体防控措施如下:①严禁从疫区购进种牛。在购牛时必须严格进行血清学检疫,防止引进带毒牛。②新引进的牛应严格执行隔离,隔离期满后方可进入本场。一旦发生本病,病牛即时隔离或急宰,对同群牛和可疑感染牛群要进行反复检疫,及时发现带毒牛。对持续感染牛应坚决淘汰,防止疫情进一步发展。③加强饲养管理,定期严格消毒,对牛场各部位要定期清扫消毒,尤其是各种排泄物要及时清理。疫情时期要严格限制牛群活动,防止扩大传染。④定期进行预防接种,本病流行地区的牛可用黏膜病弱毒疫苗进行预防接种。犊牛在断奶后数周内进行预防接种;受威胁较大的牛群应每隔3～5年接种1次;育成母牛和种公牛于配种前3周再接种1次。因疫苗可造成流产和胎儿畸形,所以妊娠母牛禁用。

9. 如何防控牛口蹄疫?

本病是由口蹄疫病毒所引起的偶蹄动物的一种急性、热性、高度接触性传染病。其特征是舌、唇、齿龈及腭部黏膜、鼻、蹄部及乳房皮肤发生水疱和溃烂。属人兽共患性疾病,被国际兽医局列为A类传染病之首。

【流行病学】　本病主要的传染源是病牛和潜伏期病牛,康复牛也可长期带毒、排毒,并可能产生新的亚型。对本病最易感的是黄牛,其次是牦牛。任何年龄牛都可感染此病,但以犊牛对口蹄疫病毒最易感,死亡率高。其传播主要是通过呼吸道、消化道和损伤的皮肤、黏膜等,直接或间接接触病畜的水疱液、乳汁、尿液、口涎、泪液和粪便,以及动物产品如肉、奶、毛皮等而感染。同时,污染的草料、饮水、饲养工具以及空气也是十分重要的传播媒介,常成为该病快速、大面积流行的最主要原因。本病传播无明显的季节性,但寒冷的季节如秋末、冬季和春季是最易流行的季节。本病的暴发也有一定的周期性,常每隔 1～2 年或 3～5 年流行 1 次。

【临床症状】　该病潜伏期一般为 2～4 天,长的可达 7 天或数周,这取决于病毒强度和机体情况。其主要的临床特点是以不同程度的水疱、溃烂为主。病初体温可升高到 40℃～41℃,发病 1～2 天后,口流涎,在唇内面、齿龈、舌面和颊部黏膜上发生蚕豆至核桃大的白色水疱,水疱很快增大,融合后破裂,流出液体,形成边缘整齐的红色糜烂面。同时,口角流涎增多,呈白色泡沫状,采食、反刍完全停止。如继发细菌感染,即发生溃疡。有些病例在口腔发生水疱的同时,趾间和蹄冠柔软的皮肤上也可形成白色水疱,水疱破溃后留下红色糜烂面,以后结痂。如有细菌感染,则发生化脓,蹄不能着地,蹄部水疱破溃后常表现跛行,甚至蹄壳脱落。如果出现蹄部问题,则病程稍长。有时在乳头皮肤上也可见到水疱,乳头也常发生水疱,进而出现烂斑。有继发感染时,引起乳房炎,泌乳停止。犊牛发病时往往看不到特征性水疱,主要表现为出血性胃肠炎和心肌炎,死亡率较高。

本病一般呈良性经过,在没有继发感染的情况下,多于 1 周左右治愈。若蹄部有病变则可延至 2～3 周或更久;死亡率 1%～2%,如感染严重,可见蹄壳脱落,甚至难以治愈。如果发生恶性口蹄疫,病牛病情突然恶化,全身衰弱,肌肉发抖,食欲废绝,反刍停止,行走摇摆而突然死亡,死亡率高达 25%～50%。

【防控措施】 本病目前尚无有效疗法,最主要的防控措施是定期做好免疫接种。

尚未发病牛场的防控措施:①加强饲养管理,提高机体免疫力。②严格执行防疫消毒制度。牛场的主要进出通道要配备消毒池、消毒间,进出牛场的车辆、工作人员一定要严格消毒;外来车辆和人员严禁入内;每月定期用2%氢氧化钠溶液全面彻底消毒。③严格按免疫程序进行免疫接种。定期对所有牛进行系统的疫苗注射。疫苗应选择国家指定的生产厂家,质量有保证。现阶段常用的疫苗有口蹄疫弱毒疫苗、口蹄疫亚单位苗和基因工程苗,牛在注射疫苗后14天产生免疫力,免疫力可保持4～6个月。新生犊牛应在出生后4～5个月进行首次免疫,隔6个月进行第二次加强免疫,以后每隔6个月免疫1次;种公牛、后备牛应每年免疫2次,每次间隔6个月;生产母牛可在分娩前3个月免疫1次。

疑似发生的或确定发生的牛场防控措施:如果有疑似病例的出现,立即向有关部门上报疫情,采取病料,迅速送检,以便确认病毒型,并迅速隔离,封锁牛场。尚未确诊时可应用疫苗对临近或同群的易感动物进行紧急接种。用1%～2%氢氧化钠溶液对畜舍及用具等进行消毒。为防止继发感染,可全身应用抗菌药,同时用0.1%高锰酸钾液冲洗口腔和蹄部水疱处,涂以四环素软膏、碘甘油等。如果确定为本病时,应及时上报上级行政主管部门,及时查明疫源地并采取扑灭措施。由县级以上兽医行政管理部门划定疫区,报政府发布封锁令。同时,将本场粪便发酵,深埋或焚烧病死动物。并对污染的场地进行彻底消毒。封锁的疫区待最后一头病牛治愈或扑杀后21天,上级主管部门检查合格后,进行全面、彻底消毒后方能解除封锁。

10. 如何防控牛痘?

牛痘是由痘病毒引起的牛的一种急性、热性、接触传染性疾病。主要侵害奶牛,其特征是在乳房或乳头皮肤上发生痘疹。

【流行病学】　本病病原体为牛痘病毒和痘苗病毒,奶牛最易感染发病。病牛是本病的传染源,挤奶工或挤奶机是本病的传播工具。节肢昆虫可机械传播本病。

【临床症状】　本病病初体温升高,挤奶时奶牛较为敏感,躲闪。潜伏期4~8天。病变大多位于乳头、乳房、阴囊等部位的皮肤表面,开始以红色丘疹为主,1~2天后形成水疱,疱上有一凹窝,形似肚脐,内含透明液体,逐渐形成脓疱,然后结痂。全身症状不明显,10~15天结痂脱落而痊愈。若病毒侵入乳腺,可引起乳腺炎。

【防控措施】　平时应做好饲养管理工作,增强牛的免疫力。对新引入的牛要严格隔离检疫,谨防引入病牛,无异常状况时方可进入牛群;做好奶牛的挤奶消毒工作,接种痘苗的人暂时不准饲养奶牛。一旦发现病牛一定要及时隔离,用1%~2%氢氧化钠溶液对牛舍、用具等进行彻底消毒;做好与病牛接触的人的个人防护,以免传染;对出现痘疹的地方用抗生素或磺胺软膏涂擦患部,促进愈合和防止继发感染。

11. 如何防控牛水疱性口炎?

牛水疱性口炎是由病毒引起的一种传染病。其特征为流涎、高热、跛行、乳头病变等。

【流行病学】　牛水疱性口炎病毒现已鉴定出两个不同的血清型,但不存在交叉反应。本病有明显的季节性,多发于夏季和秋季。牛的易感性随着年龄增长而增加。病毒主要通过损伤的皮肤和黏膜而感染,或通过污染的饲料、饮水经消化道感染,亦可通过空气传播,也可通过双翅目昆虫叮咬而传播。

【临床症状】　潜伏期3~7天。病牛体温升高,精神不振、食欲减退。在舌、唇黏膜上可见米粒大水疱,水疱破溃后流出透明黄色液体;继而水疱皮脱落,留有浅而边缘不齐的红色烂斑。同时,病牛大量流涎,病程1～2周。有的病牛在蹄冠和乳头也能发生水疱,应和口蹄疫相鉴别诊断。典型的症状为口腔黏膜、乳头处的病灶可发展为水疱而破裂,流出黏液,后期黏膜脱落,表面裸露,同时可发生乳腺炎。

【防控措施】 本病目前尚未有特效药物治疗。防控此病还需要加强饲养管理措施,做好牛舍的定期清扫消毒工作,降低牛群密度。如发现此病,应立即隔离病牛,牛舍彻底消毒,接触病牛的工作人员彻底消毒并戴手套和面罩。加强病牛护理,防止继发感染。一旦发生本病,应封锁疫点,隔离病牛。对污染用具和场所进行严格消毒,并做好个人防护。出现一定临床症状时应对症治疗。如出现口腔病变,可用清水、食醋或0.1%明矾溶液清洗后,涂抹碘甘油或冰硼散;对蹄部病变用3%来苏儿溶液洗净蹄部后,涂擦龙胆紫溶液或木焦油凡士林,用绷带包扎;对乳房病变,可用肥皂水或2%～3%硼酸溶液清洗后,涂抹氧化锌鱼肝油软膏。

12. 如何防控新生犊牛病毒性腹泻?

新生犊牛病毒性腹泻是由多种病毒引起的一种以精神委顿、呕吐、腹泻、体重减轻为主要特征的急性胃肠道传染病。

【流行病学】 引起新生犊牛腹泻的常见病毒有:轮状病毒、冠状病毒、细小病毒、杯状病毒、腺病毒和肠道病毒等,主要以轮状病毒多见。病牛和带毒牛是主要传染源,病毒随粪便排出体外,经消化道感染,也可经呼吸道传播。本病一旦流行,常成群暴发,发病率高,病死率低,如在气候多变季节或环境恶劣情况下,可发生继发感染,病死率会有所增加。

【临床症状】 本病主要发生在犊牛,轮状病毒性腹泻多发生于1～7日龄的新生犊牛,冠状病毒性腹泻则以2～3周龄犊牛多发。起初病牛精神沉郁,吃奶减少,体温略高。同时,排灰白色或淡黄绿色液状粪便,有时带有黏液或血液,严重时,呈喷射状排出水样便,并附有肠黏膜及未消化的凝乳块。如果长期腹泻,则脱水明显,严重的急性脱水和酸中毒,常导致病犊急性死亡。

【防控措施】　本病尚无特效疗法,一旦发病则主要采取对症治疗,如补液、强心、收敛、防止酸中毒等。同时,大剂量投给抗菌药物,防止继发感染。

在本病的防控方面,主要是加强平时的饲养管理,做好常规消毒工作及冬天的防寒保暖工作;同时,犊牛出生后尽可能隔离饲养,并适当分区饲养,以减少自然交叉感染的机会。现在已经有用于母牛免疫的牛轮状病毒弱毒苗,可通过初乳对小牛提供保护;同时,可口服轮状病毒活疫苗,以减少自然发病率。

13. 如何防控牛溃疡性乳头炎?

牛溃疡性乳头炎又称"牛疱疹性乳头炎",是牛的一种病毒性皮肤病。以乳头和乳房皮肤发生溃疡为特征。

【流行病学】　本病主要发生于奶牛,尤以初产母牛多发。其病原体为牛疱疹病毒Ⅱ型,与人的疱疹病毒有共同的抗原性。病牛和带毒牛是本病的传染源,主要通过挤奶和吸血昆虫传播。

【临床症状】　本病潜伏期一般为3~7天。主要表现为奶牛的乳头,乳房皮肤表面可见溃疡。开始乳头皮肤肿胀,继而可见病变部位变软,表皮脱落,可见不规则的溃疡灶,触摸乳头病牛敏感并躲闪,不久结痂,2~3周后愈合。有的病牛可发生乳房炎。

【防控措施】　本病目前尚无特效疗法。预防本病的主要措施是加强饲养管理,提高机体免疫力;同时,严格执行新引入牛的隔离检疫制度,防止带入传染源;蚊蝇及吸血昆虫多发季节注意定期杀灭,防止吸血昆虫侵袭。一旦发生本病,则需对症治疗,治疗时,患部先用0.1%高锰酸钾水冲洗,擦干后涂抹消炎软膏、5%碘酊、1%龙胆紫或冰硼散,同时可用抗生素防止继发感染。

14. 如何防控牛腺病毒感染?

牛腺病毒感染又叫"牛肺肠炎",是由腺病毒引起的犊牛的一种以肺炎、肠炎、结膜炎和多发性关节炎为主要症状的传染病。是犊牛死亡的重要原因之一。

【流行病学】 牛腺病毒为本病病原,现确定有9个血清型,彼此不存在交叉反应。调查发现,腺病毒普遍存在于牛群当中,大多数为隐性经过。病牛和带毒牛是主要传染源,其病毒可通过鼻液、粪便等污染周围环境,使健康牛与其接触后感染发病。在气候环境恶劣的条件下或其他致病因子存在的情况下,可加重本病的临床反应,产生严重的腹泻等。在自然条件下,腺病毒可使未来得及喂初乳的犊牛发生肺炎和肠炎。

【临床症状】 本病多数情况下呈现隐性感染,不表现临床症状。在初生犊牛感染后可表现为呼吸道和消化道炎症。病初病牛体温升高,食欲减退或废绝,呼吸加快,并伴有严重的腹泻。

【防控措施】 本病现无理想的防控措施。主要以加强初生犊牛的饲养管理为主,及时喂初乳,增强机体免疫力;同时,可接种腺病毒疫苗,但由于腺病毒血清型较多,且无交叉保护力,所以疫苗预防还有待于进一步研究。一旦发现该病,则需严格执行隔离,出现临床症状者可以用对症治疗方法,以减少损失。

15. 如何防控牛流行性感冒?

流行性感冒简称流感,是一种急性呼吸道传染病。临床上以发热、咳嗽、全身衰弱和不同程度的呼吸道炎症为特点。该病属人兽共患,传染性很强。

【流行病学】 病原体为流感病毒。该病毒有甲、乙、丙3型。甲型流感病毒极易变异而有许多亚型,一次大的变异则可引起一次大的流行。乙、丙型流感病毒在自然条件下只感染人,而且很少发生变异。流感病毒感染有一定的宿主性,但不是固定不变的,可以发生宿主转移。这种转移是从人→家畜、家禽→野禽,也可从野禽→家禽、家畜→人。病毒的宿主转移引起本病可在不同动物之间相互传播。传染源主要是病畜、病人以及康复和隐性感染动物。病毒主要在呼吸道黏膜上皮细胞内增殖,随喷嚏、咳嗽和说话喷出,经呼吸道传播。常突然发生,传播迅速,流行猛烈,常呈流行性,也可呈大流行性,多发生于秋末至春初季节。

【临床症状】 病牛体温升高,精神委顿,不食,反刍减少或停止,咳嗽,呼吸增数,眼、鼻分泌物增多。奶牛产奶量明显下降。一般在 7 天左右可恢复正常。

【防控措施】 平时要加强饲养管理,严格执行兽医卫生防疫制度,保持圈舍清洁卫生通风干燥,防止役后雨淋和冷风侵袭。有条件者,应坚持定期预防接种。当有流感来临时,可用野菊花、桉叶、金银花、板蓝根、大青叶等中草药各 10～15 克,水煎后内服,预防本病流行。发生本病时,病牛要立即隔离治疗,精心护理,圈舍、饲槽及用具经常用 20%石灰乳、5%漂白粉或 3%火碱溶液等消毒。

治疗以对症治疗、控制继发感染、调整胃肠功能和加强护理为主。可用金银花、连翘、黄芩、柴胡、牛蒡子、陈皮、甘草各 15～20 克,水煎内服,每天 2 次。解热镇痛可肌内注射 30%安乃近液或安痛定注射液,20～40 毫升/次,犊牛 5～10 毫升/次,每天 1 次。体温不降时,应及时注射抗生素或磺胺类药物,防止继发感染。心力衰竭者,应反复使用樟脑水或安钠咖。排粪迟滞时,可应用缓泻剂。必要时应适当补液、补糖、给予维生素 B_1 和维生素 C 等。役牛应停役休息,避风保温,充分供给清洁饮水,喂给易消化青绿饲料。

16. 如何防控牛副流感?

牛副流感是牛的一种急性呼吸道传染病。以高热、呼吸困难和咳嗽为特征。因本病多发生于运输后的牛,故又称运输热或运输性肺炎。本病呈世界性分布。

【流行病学】 该病毒属于副黏病毒科的牛副流感病毒 3 型。巴氏杆菌等常参与混合感染并使病情恶化。成年肉牛和奶牛最易感,犊牛在自然条件下很少发病。病牛是主要的传染源,病毒随鼻分泌物排出,经呼吸道感染健康牛。也可通过胎盘感染胎儿,引起死胎和流产。长途运输、天气骤变、寒冷和疲劳等不利因素可促使发病,故该病常发生于晚秋、冬季或长途运输后。

【临床症状】 潜伏期一般为 2~5 天。病牛高热,精神沉郁,厌食,咳嗽,流浆液性鼻液,呼吸困难,发出呼噜声。有的病牛发生黏液性腹泻。病程不长,重者可在数小时或 3~4 天内死亡。

【防控措施】 本病目前尚无特效疗法,防控的主要措施应以加强饲养管理,做好圈舍的清扫消毒工作,加强通风等,使牛生活在较为舒适的环境中。同时,可进行免疫接种。如果发生该病,应立即对病牛进行隔离治疗,治疗以防止并发症和继发感染为主,可选用卡那霉素或磺胺类药物。

第三章　常见牛细菌性群发病的防控

1. 如何防控牛出血性败血病?

牛出血性败血病又称牛巴氏杆菌病,是由多杀性巴氏杆菌引起的牛的一种败血性传染病。主要呈败血症和出血性炎症;急性病例以高热、肺炎或急性胃肠炎和内脏广泛出血为主要特征;慢性病例表现为皮下、关节以及各脏器局灶性化脓性炎症。本病呈世界性分布,我国各地均有分布,其被列为国家二类动物疫病。

【流行病学】　该病常年可发生,在气温变化大、阴湿寒冷时更易发病;常呈散发性或地方流行性发生。牛巴氏杆菌可存在于病畜的全身各组织、体液、分泌物及排泄物中,引起传播的病菌血清型主要以 6:B 和 6:E 为主。其病原菌抵抗力较弱,但近年来发现该菌对抗菌药物的耐药性在逐渐增强。病畜和带菌动物是本病的主要传染源,其分泌物、排泄物污染外界环境及饲料饮水,从而经消化道和呼吸道感染。一般情况下健康家畜的上呼吸道和扁桃体也带菌,当寒冷、闷热、潮湿、拥挤、通风不良、疲劳运输、饲料突变、营养缺乏、患寄生虫病等不良条件使畜体抵抗力降低时,可自行发病。同时,该病也有经皮肤伤口或蚊蝇叮咬而感染的。

【临床症状】　本病潜伏期一般为 2~5 天。急性病例死亡率较高,根据临床表现,常可分为急性败血型、肺炎型、水肿型和慢性型 4 种。

①急性败血型　本型病死率较高。病牛体温突然升高至 41℃~42℃,精神沉郁,呼吸困难,脉搏加快,眼结膜潮红,食欲废绝,反刍停止。有的鼻流带血泡沫,有的排出混杂黏液或血液且具恶臭味的粪便。一般病程为 12~24 小时,虚脱死亡或突然死亡。

②肺炎型（胸型）　此型最为常见。病牛呼吸困难，干咳，鼻腔流出带有泡沫状鼻液，后呈脓性，表现痛苦，病程 3～7 天。严重时病牛呼吸极度困难，头颈前伸，张口呼吸，可导致病牛迅速窒息死亡。剖检见纤维素性胸膜肺炎变化。胸腔积大量浆性、纤维素性渗出物，整个肺有不同时期的肺炎肝变期。此外，尚可见胶冻样浸润，浆膜散在出血点，支气管和纵隔淋巴结充血、出血。

③水肿型　本型多见于水牛或牦牛。病牛主要表现为颈、胸部皮下炎性水肿，严重者可见腹部下面水肿。病畜出现发热，呼吸困难，舌伸出口外，流涎，口腔黏膜发绀，眼睛可见红肿、流泪。剖检见颈、胸部皮下和咽、喉头黏膜水肿；头、颈部淋巴结充血，呼吸道呈卡他性炎。常因窒息而死亡，也可伴发血便。病程一般 1～3 天。

④慢性型　本型一般多为急性转变而来。自然发病比较少见，病牛一般长期咳嗽、慢性腹泻、消瘦。

【防控措施】　本病的发生常与各种环境突然变化有关系，其预防要以加强饲养管理，防止周围环境突然变化，增强机体抵抗力为主。定期进行牛舍及周围环境的卫生清扫消毒工作。严格执行新引进牛的隔离检疫工作，隔离观察 1 个月以上，证明无病方可进入牛场。在本病常发地区可定期注射牛出败氢氧化铝菌苗，其免疫力可保持 9 个月。注射疫苗后 1 周内不允许注射抗生素。一旦发现病牛应立即隔离治疗，早期可应用高免血清和磺胺类药治疗，两药同用更佳。严重病牛宜同时注射青霉素或链霉素、头孢噻呋等抗生素。

2. 如何防控牛结核病？

本病是由牛结核分枝杆菌引起的人兽共患的一种慢性传染病。是牛群常见的、危害较大的一种慢性传染病。其特征以病牛逐渐消瘦、咳嗽、衰竭为主。病理剖检可见在组织器官内形成结核性肉芽肿和干酪样坏死物。我国将其列为二类动物传染病。

【流行病学】 本病一年四季均可发病,主要侵害牛,人也是易感动物。在家畜中牛最易感,特别是奶牛,其次是黄牛、牦牛、水牛。成年牛较青年牛易感。病畜和病人是本病的主要传染来源。其粪尿、乳汁、生殖道分泌物以及痰液中都含有病菌,可以污染周围环境、饲料、饮水、空气等。病原菌主要通过被污染的空气,经呼吸道感染,或者通过被污染的饲料、饮水和乳汁,经消化道感染;交配感染亦可能;也可能通过与病人的接触而感染本病,所以牛场每年要定期进行对本病的筛查。饲养管理不当,营养不良,牛舍过于拥挤、通风不良以及缺乏运动等都可造成本病的扩散。

【临床症状】 本病潜伏期一般为 16～45 天,有的可达数月,甚至长达数年。按照牛患病器官之不同症状,临床可分为肺结核、乳房结核、淋巴结核、肠道结核等型,但以肺结核较为多见。

①肺结核 以长期顽固的干咳为特点,且以清晨最为明显。病牛初期有短促的干咳或湿性咳嗽,尤以早晨、饮水和运动后为明显,且食欲与反刍未见异常。随着病情加重,可见咳嗽频繁、加重,并出现黏液性鼻液,呼吸开始加快且可听到轻微喘鸣声。随后加重且日渐消瘦、贫血,体表淋巴结肿大。病情恶化时病牛体温升高达 40℃以上,呈弛张热或稽留热,呼吸更加困难,最后因心力衰竭而死亡。

②乳房结核 开始表现乳房上淋巴结肿大,继而侵袭到后乳区。在乳房内可摸到局限性或弥漫性硬结,硬结无增温及痛感,乳量渐减,乳汁稀薄,甚至含有凝乳絮片或脓汁,严重者泌乳停止。有时可见乳头变形,两侧乳房不对称,位置异常等情形。

③肠道结核 本型多见于犊牛,以消瘦和持续性腹泻或便秘腹泻交替进行为主要特点。患畜出现腹泻,粪中有脓性黏液,味腥臭。有时直肠检查可见大小不等的结核结节。

④生殖道结核 本型主要表现为性功能紊乱,性欲亢进,母牛

频繁发情,屡配不孕,妊娠后也常流产。公牛睾丸及附睾肿大,硬而痛,阴茎前部可见结节、糜烂等。

⑤脑与脑膜结核　此型主要表现出多种神经症状,表现癫痫,运动障碍,乃至失明。

【防控措施】　对本病应采取综合性的防控措施,由于该病属于人兽共患,所以应加强与卫生防疫部门的密切联系。养殖户或养殖企业应重视对本病的定期筛查。一旦发现应立即按照《牛结核病防治技术规范》的方法处理。平时应以检疫、隔离、消毒和培育健康犊牛为主要措施。

①隔离检疫　对新引进的牛必须严格执行隔离检疫,观察 3个月,经用结核菌素检疫确认呈阴性后方可合群。阳性牛应隔离并由专人饲养。结核母牛所产的犊牛坚持喂健康牛乳汁,并严格隔离,连续 3 次检查证明为阴性时方可合群。对检出的阳性病牛立即隔离,对开放性结核病牛宜扑杀,优良种牛应治疗。可疑病牛间隔 25～30 日复检。

②加强消毒工作　每年应进行 2～4 次预防性消毒,当牛群出现阳性牛时要进行一次大消毒。常用消毒药为 5％来苏儿或克辽林、3％福尔马林溶液、5％漂白粉乳剂、20％新鲜石灰乳、15％苯酚、氢氧化钠等消毒剂。粪便烧掉或堆积发酵。

③培育健康犊牛　当牛群中病牛较多时,可在犊牛出生后先进行体表消毒,尔后从病牛群中隔离出来,人工喂给健康母牛的初乳,以后喂健康牛乳或消毒乳。断奶时及断奶后 3～6 个月进行 2次结核菌素试验,均为阴性者方可并入健康牛群。

④反复普检　每年对牛群进行反复多次的普检工作,发现病牛及时淘汰或治疗。每隔 3 个月进行 1 次检疫,连续 3 次检疫均呈阴性者为健康牛群。

⑤治疗　凡开放性结核牛必须扑杀。对于阳性牛及时治疗,常用的治疗药物有卡那霉素、利福平、异烟肼等。严重病牛每日 1

次肌内注射链霉素 200 万～500 万单位,连续 1 周。

⑥免疫预防 牛群每年春、秋两次用结核菌素检疫,阳性者淘汰。对受威胁的犊牛满月后可皮下注射卡介苗,可保持 12～18 个月。

3. 如何防控牛传染性胸膜肺炎?

牛传染性胸膜肺炎又称牛肺疫,是由牛丝状支原体感染而引起的对牛危害严重的一种高度接触性传染病。以渗出性纤维素性肺炎和浆液纤维素性胸膜肺炎为特征。

【流行病学】 本病在自然条件下主要侵害牛,其中 3～7 岁多发。病牛和带菌者是主要传染源。病原体通过咳嗽和呼吸随气体、飞沫排出,也可通过尿、乳汁和分娩时排出。主要以污染的空气传播,也可通过胎盘垂直传播。本病多呈散发性流行,可常年发生,以冬、春两季多发。非疫区常因引进带菌牛而呈暴发性流行;老疫区因牛对本病具有不同程度的抵抗力,发病缓慢,通常呈亚急性或慢性经过,往往呈散发性。

【临床症状】 本病潜伏期一般平均为 2～4 周,短者 7 天,长者可达 8 个月之久。根据发病情况可分为急性型、亚急性型、慢性型。

①急性型 病初体温升高,可达到 40℃～42℃,稽留热,有干咳现象,鼻孔有浆液或脓性鼻液流出。呼吸高度困难,呈腹式呼吸,有吭声或痛性短咳。反刍迟缓或消失,可视黏膜发绀,臀部或肩胛部肌肉震颤。病后期心力衰竭,脉细而快,每分钟 80～120 次。前胸下部及颈垂水肿。胸部叩诊有实音、痛感;听诊时肺泡音减弱或消失及有胸膜摩擦音;病情严重出现胸水时,叩诊有浊音。若病情恶化,则呼吸极度困难,病牛呻吟,口流白沫,伏卧伸颈,体温下降,最后窒息而死。病程 5～8 天。

②亚急性型 其症状与急性型相似,但病程较长,症状不如急

性型明显而典型。

③慢性型 本型多由急性转变而来，也有直接就呈现慢性经过。病牛消瘦，常伴发咳嗽，叩诊胸部有实音且敏感。在老疫区多见牛使役力下降，消化功能紊乱，食欲反复无常，有的无临床症状但长期带菌。在饲养管理良好的情况下，病牛逐渐好转。

【流行病学】 本病的主要防控措施为加强饲养管理、提倡自繁自养、防止病原侵入。

①严格执行隔离检疫制度 非疫区勿从疫区引牛。必须引进时，应严格检疫、隔离观察，淘汰病牛。隔离3个月后检疫合格方可入群。发现病牛应隔离、封锁，必要时宰杀淘汰。

②加强饲养管理 定期做好卫生清扫消毒工作，增强牛体免疫力。污染的牛舍、屠宰场应用3%来苏儿或20%石灰乳消毒。

③定期预防接种 老疫区宜定期用牛肺疫兔化弱毒菌苗预防注射；对怀疑有本病的牛群，应补注牛肺疫弱毒菌苗，连续注射2～3年，可防止本病的发生。

④疫情处理 发现本病应迅速封锁疫区，屠宰病牛。如早期发现并加以治疗可达到临床治愈。临床上常采用"九一四"(新胂凡纳明)疗法，肉牛用量3～4克，溶于5%葡萄糖盐水或生理盐水100～500毫升中，一次静脉注射，间隔5日1次，连用2～4次，现用现配；奶牛用量按每100千克体重1克。同时采用抗生素疗法，四环素或土霉素2～3克/次，每日1次，连用5～7日，静注；链霉素3～6克，每日1次，连用5～7日，除此之外辅以强心、健胃等对症治疗。

4. 如何防控犊牛副伤寒?

又名副伤寒，是由鼠伤寒沙门氏菌或都柏林沙门氏菌引起的一种人兽共患传染病。临床上多表现为败血症和肠炎，也可使妊娠母牛发生流产。

【流行病学】　本病一年四季都可发生,且各种年龄都可感染,但以出生后 10～40 天的犊牛最易感,成年牛多散发。病牛和带菌者是本病的主要传染源,可由粪便、尿、乳汁以及流产的胎儿、胎水、胎衣排出病菌,污染饲草和饮水,经消化道传染给健康畜,此外子宫也可感染。鼠类可传播本病。带菌牛在环境不良的情况下可发生内源性感染而发病。环境不良、气候多变、长途运输、疲劳饥饿、新引进牛未实行隔离检疫等,都可促使本病的发生。

【临床症状】　由于本病主要侵害犊牛,以犊牛症状多见,但也偶见成年牛发病。成年牛发病后,体温升高达 40℃～41℃,食欲废绝,精神委顿,呼吸困难,病牛逐渐开始排出带血块的粪便,后开始腹泻,粪便恶臭,含有纤维素片,间有黏液团或黏膜排出,腹泻开始后体温降至正常或略高,病牛可在 24 小时内死亡,多数在 1～5 天内死亡。有的病牛有腹痛,有的妊娠母牛发生流产,一些病例可以恢复,有些牛发热,食欲消失,精神委顿,产奶量下降,经 24 小时后这些症状可以减退。还有些牛呈隐性经过,仅从粪便排出病菌,但数天后停止排菌。

犊牛感染此病后,则于出生后 48 小时即可表现拒食、卧地不起、迅速衰竭,常于 3～5 天内死亡。多数犊牛在出生后 10～14 天以后发病,病初体温达 40℃～41℃,24 小时后排出灰黄色液状粪便,混有黏液和血丝,一般在出现病症后 5～7 天内死亡。有时死亡率可达 50%。病期长的腕关节和跗关节可能肿大,还有支气管炎和肺炎症状。

【防控措施】　对本病的防控应加强饲养管理,保持饲料和饮水的清洁卫生,消除发病诱因,增强机体抵抗力,同时可用犊牛副伤寒疫苗预防接种。

首先是加强饲养管理,对牛舍定期进行清扫消毒,防止污染的饲料和饮水进入。注意牛舍的通风,保持牛舍的干燥等。接产时严格处理脐带。犊牛出生后擦干全身,脐带距腹部约 5 厘米处剪断,断端应在 10% 碘酊内浸泡 0.5～1 分钟;一定要让其及早(12 小时内)吃上初乳,人工喂养的犊牛出生后 15～30 分钟喂初乳,在 8 小时以内再喂 1～2 次;新生犊牛要单圈饲养。加强妊娠母牛的饲养管理。饲料配比要适当,给予足够的蛋白质、矿物质和维生素,确保母牛有良好的营养水平,使其产后能分泌充足的乳汁,以满足新生犊牛的生理需要。母牛乳房要保持清洁。有条件的奶牛场或养牛专业户,可于产前给母牛接种大肠杆菌疫苗、冠状病毒疫苗等,以使犊牛产生主动免疫。

再者是定期进行预防接种,我国已生产出一种弱毒冻干苗,可接种于不同年龄和品种的牛,接种后 14 天可产生抗体并维持 22 个月的免疫力。

一旦发现本病应立即对病牛隔离治疗,主要以清理肠道,促进消化,消炎解毒,防止脱水为治疗原则。对腹泻脱水犊牛,可用 5% 葡萄糖生理盐水 500 毫升、阿米卡星 10 毫克、30% 安乃近 10 毫升、地塞米松磷酸钠 10 毫克,一次静脉注射。对伴有呼吸道症状的犊牛,可用双黄连 20 毫升、5% 葡萄糖生理盐水 500 毫升、氨苄西林 0.5 克、地塞米松磷酸钠 10 毫克,一次静脉注射。对伴有腹泻带血症状的犊牛,可用甲砜霉素 10 毫升、维生素 K 4 毫克,或用磺胺脒 4 克、碳酸氢钠 4 克、次硝酸铋 0.5 克,加水 500 毫升灌服。以上药物可连用 3～5 天。除上述病因疗法及对症治疗外,应配合抗应激药物,如给予口服补液盐(氯化钠 3.5 克,氯化钾 1.5 克,碳酸氢钠 2.5 克,葡萄糖 20 克,加水 1 000 毫升),供犊牛自由饮用。犊牛不能自吮时,可用 6% 低分子右旋糖酐、生理盐水、5% 葡萄糖、5% 碳酸氢钠各 250 毫升,氢化可的松 100 毫克,维生素 C 注射液 10 毫升,混溶后,一次静脉注射,连用 3～5 天,同时给予口服补液盐及电解多维等。

5. 如何防控布鲁氏菌病?

本病是由布鲁氏菌引起的人兽共患传染病。在家畜中,牛、羊、猪最常发生,且可由牛、羊、猪传染于人和其他家畜。其特征是生殖器官和胎膜发炎,引起流产、不育和各种组织的局部病灶。本病广泛分布于世界各地,我国目前在人畜间仍有发生,给畜牧业和人类的健康带来严重危害。

【流行病学】　本病的传染源是病牛及带菌者,成年牛较犊牛易感。最危险的是受感染的妊娠母牛,其在流产或分娩时将大量布鲁氏菌随着胎儿、胎水和胎衣排出。流产后的阴道分泌物以及乳汁中都含有大量的布鲁氏菌。有时甚至在牛精液中也存在本菌。其主要传播途径是通过污染的饲料与饮水经消化道而感染;也可通过无创伤的皮肤,使牛感染,如果皮肤有创伤,则更易为病原菌侵入;其他如通过交配也可感染;同时,吸血昆虫也可以传播本病。

【临床症状】　潜伏期2周至6个月。母牛最显著的症状是流产。实验感染虽见有弛张热,但在自然感染时临床诊断上常被忽略。流产可以发生在妊娠的任何时期,最常发生在第六至第八个月,已经流产过的母牛如果再流产,一般比第一次流产时间要迟。流产时除在数日前表现分娩预兆,如阴唇、乳房肿大,荐部与胁部下陷,以及乳汁呈初乳性质等外,还有生殖道的发炎症状,即阴道黏膜发生粟粒大红色结节,由阴道流出灰白色或灰色黏性分泌液。流产时,胎水多清亮,但有时浑浊含有脓样絮片。常见胎衣滞留,特别是妊娠晚期流产者。流产后常继续排出污灰色或棕红色分泌液,有时恶臭,分泌液迟至1~2周后消失。早期流产的胎儿,通常在产前已经死亡。发育比较完全的胎儿,产出时可能存活但衰弱,不久死亡。公牛有时可见阴茎潮红肿胀,更常见的是睾丸炎及附睾炎。急性病例则睾丸肿胀疼痛。还可能有中度发热与食欲不振,以后疼痛逐渐减退,约 3 周后,通常可见睾丸和附睾肿大,触之坚硬。临床上常见的症状还有关节炎,甚至可以见于未曾流产牛,关节肿胀疼痛,有时持续躺卧。通常是个别关节患病,最常见于膝关节和腕关节。腱鞘炎比较少见,滑液囊炎特别是膝滑液囊炎则较常见。有时有乳房炎的轻微症状。

如流产胎衣不滞留,则病牛迅速康复,又能受孕,但以后可能再度流产。如胎衣未能及时排出,则可能发生慢性子宫炎,引起长期不育。但大多数流产牛经 2 个月后可以再次受孕。

在新感染的牛群中,大多数母牛都将流产 1 次。如在牛群中不断加入新牛,则疫情可能长期持续,如果牛群不更新,由于流产过 1~2 次的母牛可以正产,疫情似是静止,再加以饲养管理得到改善,病牛也可能有半数自愈。但这种牛群绝非健康牛群,一旦新易感牛只增多,还可引起大批流产。

【防控措施】 本病主要坚持"预防为主"的原则。

在未感染牛群中,控制本病传入的最好办法是自繁自养;必须引进种牛或补充牛群时,要严格执行检疫,一经发现,即应淘汰。牛群中如果发现流产,除隔离流产牛和消毒环境及流产胎儿、胎衣外,应尽快做出诊断。确诊为布鲁氏菌病或在牛群检疫中发现本病,均应采取措施,将其消灭。

通过免疫生物学方法如凝集试验、补体结合试验等在牛群中反复进行检查淘汰(屠宰),可以清净牛群。也可将查出的阳性牛隔离饲养,继续利用。

疫苗接种是控制本病的有效措施。我国主要使用猪布鲁氏菌2 号弱毒活苗和羊布鲁氏菌 5 号弱毒活苗。牛每年配种前1~2 个月注射,免疫期 1 年,5~8 月龄免疫,必要时 18~20 月龄再免疫 1次。

严格做好消毒工作,如流产胎儿胎衣、病畜分泌物、粪、尿及其污染的环境、厩舍、用具、运输工具等均应消毒。疫区的生皮、羊毛等畜产品及饲草饲料等也应进行消毒或放置 2 个月以上才得利用。用 5%克辽林、5%来苏儿、10%~20%石灰乳或 2%氢氧化钠等消毒;病牛皮用 3%~5%来苏儿溶液浸泡 24 小时后利用;乳汁煮沸消毒;粪便发酵处理。

6. 如何防控犊牛大肠杆菌病?

本病是由大肠杆菌引起的犊牛以严重腹泻和败血症为特征的一种细菌性传染病。病原性大肠杆菌对畜牧业造成的损失已日益明显。

【流行病学】　本病一年四季都可发生,但在冬春舍饲期间多发。主要发生在 3 月龄以内的幼犊牛。病牛和带菌者是本病的主要传染源,通过粪便排出病菌散布于外界,污染水源、饲料以及母牛的乳头、皮肤或哺乳用具。当犊牛哺乳舔食或饮水时,经消化道感染。犊牛没有及时吃到初乳,饲料不足、配比不当或突然发生改变,可诱发本病。舍内通风不良、气候剧变、饲养用具及环境消毒不彻底是加快本病流行的因素。

【临床症状】　本病对犊牛侵害较大,且潜伏期很短,仅几小时,根据症状和病理可分 3 型:

①败血型　该型发病突然,死亡率较高。常见于出生 3 天以内的犊牛。病初犊牛表现突然发热,体温高达 41℃,精神不振,卧地不起,排淡黄色水样稀便,且混有气泡或血丝,常于症状出现前几小时至 1 天内急性死亡。有时未见腹泻即归于死亡。

②肠毒血型　较少见,常突然死亡,多见于 1 周龄内的犊牛。多出现突然死亡,如病程稍长者,可见中毒性神经症状,先是不安、兴奋,后为沉郁、昏迷、死亡。死前多有腹泻,由于大量大肠杆菌产生的肠毒素被吸收,所以没有菌血症。

③肠型　本型较为多见,且常见于 1 周龄以后的犊牛。病初体温升高达 40℃,喜卧,食欲降低,几小时后出现腹泻,粪便开始

黄色,后为灰白色水样便,常混有未消化的凝乳块、凝血及泡沫,有酸败味,病后期排粪失禁。常导致脱水死亡。病程长的,可出现肺炎及关节炎症状,个别眼球突出。不死的病犊恢复缓慢,发育迟缓,常有脐炎、关节炎或肺炎。

【防控措施】 本病主要以预防为主,通常来不及救治。治疗上主要以抗菌、补液、调节胃肠功能为治疗原则。可选用如庆大霉素、卡那霉素等抗生素抗菌,选用益生素或活菌制剂等进行肠道的调节。犊牛还可用重新水合技术,以调整胃肠功能。其配方为:葡萄糖 67.53%、氯化钠 14.34%、甘氨酸 10.3%、枸橼酸 0.81%、枸橼酸钾 0.21%、磷酸二氢钾 6.8%,称上述制剂 64 克,加水 2 000 毫升,即成等渗溶液,喂药前停奶 2 天,每天喂 2 次上述溶液,每次 1 000 毫升。如果有出血的可用维生素 K 或安络血进行对症治疗。

本病是犊牛常发性疾病,控制本病主要在预防,尤其是饲养管理。主要防控措施如下:①加强妊娠母牛饲养管理,保证其对蛋白质、维生素和矿物质的需要,但要防止过肥,保证其适当的运动量。②加强环境的消毒,保持畜舍干燥、卫生、温度适宜。③及时喂初乳,犊牛出生 2 小时内要吃足初乳,犊牛饲喂要定时、定量。喂奶的温度在 37℃ 左右 ,不可过热或过凉。④保证环境温度适宜,犊牛要防止受寒、潮湿及气温突然变化。

7. 如何防控牛炭疽病?

本病是由炭疽杆菌所引起的人兽共患的一种急性、热性、败血性传染病,各种动物均可感染,其中以奶牛最易感。常呈散发或地方性流行。

【流行病学】 本病可呈地方流行,一般为散发,常发生于夏季。由于炭疽芽孢能在土壤中长期生存、繁殖,所以在洪水泛滥时,河流附近、低洼地区易暴发本病。病畜和病死畜的血液、内脏和排泄物中含有大量菌体,如果处理不当即可污染环境、水源,造成疫病传播；同时，被污染的骨粉、皮毛也是传染源。健康动物经消化道感染，也可以经皮肤（主要是吸血昆虫叮咬）和呼吸道（吸入带有芽孢的粉尘）感染。

【临床症状】　本病潜伏期一般为 1～3 天，也有长至 14 天的。根据病程可分为最急性、急性和亚急性 3 型。

①最急性型　通常见于暴发开始。突然发病，体温升高，有时可见瘤胃臌胀；有时精神兴奋，行走摇摆；也有的突然倒地，出现昏迷，呼吸极度困难，可视黏膜呈蓝紫色，口吐白沫，全身战栗。濒死期天然孔出血，病程很短，出现症状后数小时即可死亡。

②急性型　是最常见的一种类型，体温急剧上升到 42℃，精神不振，食欲减退或废绝，呼吸困难，可视黏膜呈蓝紫色或有小点出血。初便秘，后腹泻带血，有时腹痛，尿暗红色，有时混有血液，妊娠母牛可发生流产，严重者兴奋不安，惊慌哞叫，口和鼻腔往往有红色泡沫流出。濒死期体温急剧下降；呼吸极度困难，在 1～2 天后窒息而死。

③亚急性型　病状与急性型相似，但病程较长，2～5 天，病情亦较缓和，并在体表各部如喉、胸前、腹下、乳房等部皮肤及直肠、口腔黏膜发生炭疽痈，初期呈硬团块状，有热痛，以后热痛消失，可发生溃疡或坏死。

【防控措施】　本病主要以预防为主，严格抓好预防注射和尸体处理两个主要环节。每年定期注射无毒炭疽芽孢苗 1 毫升（1岁以内牛 0.5 毫升）或Ⅱ号炭疽芽孢苗 1 毫升（不分年龄）。一旦发病，应及时报告疫情，立即封锁隔离，加强消毒并紧急预防接种。疑似炭疽尸体应严禁剖检并焚烧或深埋。封锁区内牛舍用 20%漂白粉或 10%氢氧化钠溶液消毒，病牛粪便及垫草应焚烧。疫区封锁必须在最后一头病牛死亡或痊愈后 14 天，经全面大消毒方能解除。

8. 如何防控牛传染性角膜结膜炎？

牛传染性角膜结膜炎又叫红眼病，是牛的一种急性传染病。其临床特征是眼结膜和角膜发炎，羞明流泪，角膜混浊或发生溃疡。

【流行病学】 病原体以牛摩拉氏菌为主。病菌存在于病牛或带菌牛的眼、鼻分泌物中，一般通过接触而传染。蝇类也可机械传播病菌。不同性别和年龄的牛均有易感性，但犊牛发病率较高。主要发生于炎热潮湿的夏、秋季节。一旦发病，传播迅速，呈地方性流行或大流行。

【临床症状】 本病潜伏期一般为2～7天。开始发病多为单眼，然后发展为双眼。病初畏光，大量流泪，眼睑肿胀、疼痛，其后角膜凸起，巩膜充血，瞬膜红肿，角膜上发生白色或灰色小点。严重者角膜增厚，并发生溃疡，形成角膜瘢痕或角膜翳。有时发生眼前房积脓或角膜破裂，晶状体脱落。无全身症状，眼球化脓时，可伴有体温升高。多数病牛可痊愈，但往往失明。

【防控措施】 防止引入带菌牛是预防本病的关键性措施。一旦发现病牛应立即隔离，置于黑暗、清洁无蝇的厩舍内，及早治疗，专人护理。治疗时，先用2%～4%硼酸水洗眼，再滴以氯霉素眼药水或含可的松的抗生素眼膏。

9. 如何防控犊牛梭菌性肠炎？

犊牛梭菌性肠炎是由B型魏氏梭菌所引起的以2周龄以内的犊牛为主的急性传染病。其临床特征以腹泻、粪便带血为主。

【流行病学】 本病一年四季均可发生，以地方流行为主。病畜和带菌牛是主要传染源，同时本病菌广泛存在于土壤、粪便以及污水中。健康牛通过接触污染物，经消化道感染发病。

【临床症状】 本病发病较急，有时没有任何症状而突然死亡。

病程长者,可见拱背努责、呻吟,并常伴有腹泻,其中粪便带血、有气泡,颜色由黄色迅速转为黄红色。有的可出现神经症状,多数情况病牛出现全身症状加剧,最后衰竭而死。

【防控措施】　本病尚无特效疗法,由于发病突然,病程短,有的未及治疗就已经死亡。因此,在本病常发地区应加强饲养管理,用 0.2‰ 高锰酸钾溶液,让其自由饮用。在治疗本病时,可用磺胺嘧啶,按每千克体重 70 毫克,与生理盐水混合,静脉注射,每日 2 次,连用 4 日。同时,灌服抗菌药和次硝酸铋或鞣酸蛋白等止泻收敛药物,每日 2 次。

10. 如何防控牛副结核病?

本病是由副结核分枝杆菌引起的牛的一种慢性传染病,以顽固性腹泻和渐进性消瘦,肠黏膜增厚并形成皱褶为特征。

【流行病学】　副结核杆菌主要引起牛发病,尤其是奶牛、幼年牛最易感。病牛和带菌牛是主要传染源,病牛通过粪便排出大量病菌。病菌对外界抵抗力强,因此可存活数月,病原菌污染饮水、草料等,通过消化道侵入健康牛。有的病菌还可随乳汁和尿排出体外而污染周围环境,健康牛接触后通过消化道侵入而感染发病。同时,本病也可通过母牛子宫感染而传染给犊牛。

【临床症状】　本病常不出现临床症状,一般呈隐性感染,随着机体抵抗力的下降,症状逐渐明显。初期排稀薄带恶臭的粪便,体温、食欲、精神无异常,后期腹泻由间歇性转为持续性,排出褐色水样粪便,内混白色气泡与黏液,排粪呈喷射状。贫血、消瘦、前胸下部出现水肿。一般经 3~4 个月因高度衰弱而死亡。

【防控措施】　本病目前尚无特效治疗药物,在临床上主要采用对症治疗。同时,由于病牛在感染后期才出现症状,因此治疗意义不大。主要以预防为主。预防本病首先需要加强饲养管理,特别对幼年牛更要注意给予足够的营养,以增强其抵抗力,不要从疫区引进牛只,如已引进则必须进行检查确认健康时方可混群。对曾有过病牛的假定健康牛群,在随时做好观察、定期进行临床检查的基础上,对所有牛只每隔 3 个月做 1 次变态反应检疫,阴性牛方可调出,连续 3 次检查不出现阳性的,可视为健康牛;对变态反应阳性和临床症状明显的排菌牛应隔离分批扑杀。被污染的牛舍、栏杆、饲槽、用具、绳索、运动场要用生石灰、来苏儿、氢氧化钠、漂白粉、苯酚等消毒液进行喷雾、浸泡或冲洗,粪便应堆积高温发酵后作肥料。

11. 如何防控奶牛腐蹄病?

奶牛腐蹄病是指奶牛因指(趾)间皮肤外伤感染化脓菌引起的,以蹄角质腐败、趾间皮肤和组织化脓性腐败为特征的一种局部化脓坏死性炎症,是反刍动物高度接触性传染病。其病原包括拟杆菌属和梭杆菌属的细菌,在拟杆菌属中最常见的致病细菌主要是结节状类杆菌,而在梭杆菌属中主要是坏死梭杆菌。腐蹄病是一个发病过程相对较慢的外科疾病,其发病因素极易被管理者和技术人员所忽视。是奶牛饲养过程中常见的三大疾病之一。在我国各地都表现出较高的发病率。尤其在南方和中部省份的多雨季节,舍饲牛群中发病率高者可达到 30%~40%。患病奶牛会出现蹄变形、跛行、运动困难、食欲减退、泌乳量下降等症状,严重的被迫淘汰。患病的奶牛即使治愈也会缩短其利用年限,因此患腐蹄病奶牛的淘汰率占总淘汰率的 19%,给奶牛业带来了巨大的损失。

【流行病学】 在奶牛腐蹄病的病原学方面,意见尚不十分统一,大多数学者认为坏死厌气丝杆菌是该病的主要病原,但脓性棒状杆菌和其他化脓性细菌、结节状类杆菌等也可以在感染组织涂片中发现,此外还有梭菌、牛足腐蚀螺旋体和病毒等。在发病的诱因方面主要有:饲料营养不平衡,饲料结构不合理;牛场、牛舍环境卫生差;奶牛缺少运动,抵抗力差;遗传因素;营养不平衡,饲料结构不合理使奶牛免疫力下降,在蹄部表现为真皮对细菌的抵抗力降低;牛场、牛舍环境卫生差;奶牛长期拴养,缺少运动,不及时修蹄,护蹄不力等,使牛蹄软化,抵抗力差,易被尖硬异物损伤,均可造成坏死杆菌、化脓性棒状杆菌、链球菌、结节状类杆菌等细菌的感染,导致该病的发生。

【临床症状】　初期病牛表现出频频提举病肢,或频频用患蹄敲打地面,喜卧而不愿站立,行走有痛感、以蹄尖着地,站立时患肢负重不实,跛行,体温升至 40℃～41℃,食欲减退。当深部组织蹄、趾间韧带、冠关节及蹄关节受到感染时,跛行加重,食欲减退或废绝,消瘦明显,产奶量骤减,生产能力丧失,蹄壳脱落或腐烂变形。通过蹄部检查可发现蹄趾皮肤充血、发红肿胀、糜烂;有的蹄趾间腐肉增生,呈暗红色,突于蹄趾间沟内,质地坚硬,极易出血,蹄冠部肿胀,呈红色。如外部角质尚未变化,修蹄后见有污灰色或污黑色腐臭脓汁流出。如果炎症蔓延到蹄冠、球关节时,关节肿胀,皮肤增厚失去弹性,疼痛明显,步行呈"三脚跳"样式。化脓后,关节处破溃,流出乳酪样脓汁,病牛全身症状加剧。

【防控措施】

①治疗　本病治疗主要以清洗、消炎、止痛、补钙、强心、除创、修蹄以去除腐败物为原则。实际操作中可选择以下 1 种或几种方法,具体如下。

A. 清洗疗法　在患病蹄肢不是太严重时,可用清洗疗法。首先用 3%过氧化氢溶液(双氧水)洗净患部,以 5%～10%碘酊消毒,然后用高锰酸钾粉包扎,每天 1 次,直至患部炎症去除结痂为止。对于蹄叉腐烂的同样可以用 1%高锰酸钾溶液将蹄叉清洗干净,然后将高锰酸钾粉撒在药棉上,敷于患处。对较深的瘘管,可将高锰酸钾粉末直接填塞其中,使之与瘘管壁充分接触,外涂 5%碘酊,后用绷带包扎固定,外涂松馏油,2～3 天重复处理 1 次。

B. 血竭疗法　将病牛患肢绑定于六柱栏内,用 1%高锰酸钾溶液将患蹄清洗干净,整修蹄底,将腐烂的腔洞扩创成反漏斗形,扩至健康组织与病变组织的连接处,让其能流出鲜血为止,以高锰酸钾粉填塞伤口止血,随后用3‰~5‰高锰酸钾溶液清洗擦干,再用研碎的血竭撒入创面的患部,撒完后用烧红的烙铁熔融血竭,使之与角质结合,处理完毕用绷带包扎固定,外涂松馏油,以防腐、防潮。隔4~5天检查1次,如未脱落则无须处理,否则应再补充处理1次。

C. 对症支持疗法 如果患牛出现全身症状后,则可用以下配方进行支持治疗,以增强机体抵抗力,从而达到治愈的效果。首先可用葡萄糖酸钙50克,25%葡萄糖1 000毫升,静脉注射;维生素D_3 150万单位肌内注射,每天1次。连用5天;也可用青霉素480万单位,链霉素2克,静脉注射;每天1次,连用8天;如果是前期治疗则可辅以氨基比林肌注止痛,每天1次,有利于奶牛食欲好转,疼痛严重者可于蹄部关节处以0.5%盐酸普鲁卡因青霉素50毫升注射封闭。

D. 手术疗法 此法主要用于治疗腔洞较深的腐蹄病牛。先将牛肢固定并用1%高锰酸钾溶液清洗患部,用消毒好的探针量出腐烂部腔洞的深度及蔓延方向,找到接近腔洞顶部外侧适于施术的部位,局部消毒后,用手术刀切开2厘米左右的切口,切穿皮肤及肌肉组织,使其通过洞腔最高点通向洞外。伤口切开后用金属注射器吸取1%高锰酸钾溶液反复冲洗,可见坏死组织及脓块随冲洗液大量排出。冲洗完毕可用棉球在腔洞内反复擦拭,使脓块排出。开始时可对创腔每天清洗1次,随着脓汁的减少,可改为隔天冲洗1次,最后塞上有0.1%雷佛奴尔溶液的纱布条,将布条两端留在洞外,然后缠以药棉纱布绷带,外涂松节油,防止污染。

②预防 本病在预防方面应主要做到以下几点:

A. 清洁环境,加强日常饲养管理 畜舍、运动场要清洁干燥,定期清除污物,冲刷牛舍及牛床,定期消毒。加强运动场管理,及时剔除可能造成奶牛蹄部损伤的砖块、石头、铁丝头、玻璃碎片等异物。在多雨湿热季节应定期用 10％硫酸铜溶液浸泡牛蹄,每次约 10 分钟。尽可能地保持牛舍干燥,定期修整牛蹄,减少腐蹄病发生的诱因,发现病例及时隔离治疗,同时应加强护理,防治交叉感染,对牛群认真进行观察,及时发现病牛。

B. 保证营养平衡,保持体况　保持日粮中营养的全价性和矿物质的充分与平衡;精、粗料比例适宜,精饲料干物质占日粮干物质的比例最好不超过 50％。增加钙、磷、镁、钾等矿物质饲料的饲喂量,钙、磷按 100 千克体重给 6 克和 4.5 克的维持需要,奶牛按产奶量计,每产 1 千克奶供给 4.5 克钙和 3 克磷,钾可增加到日粮干物质的 1.3％～1.5％,钠 0.5％,镁 0.3％。

C. 减少应激　营造良好的牛场小气候,牛场外围、空地、牛舍四周可绿化种树种草,但要防止种树过密而影响空气流通。加强牛舍空气流通,可装风扇加速空气流通散热,牛舍屋顶应装气楼促进热气、水气散发,采用绝热性能好的材料建造屋顶,以减少热辐射,牛舍设立喷水装置可达到牛体降温的目的;有条件者可建造游泳池供牛游泳,对牛体夏天降温更有效。同时,减少外界的突然刺激等。

12. 如何防控奶牛乳房炎?

该病是由多种非特定的病原微生物引起的以乳房出现红、肿、热、痛为特征的传染病。该病是奶牛业最常见、危害最严重的疾病之一,它不仅影响产奶量,造成经济损失,而且影响牛奶的品质,危及人的健康。

【流行病学】　该病主要病原菌有链球菌、葡萄球菌、化脓性棒状杆菌、大肠杆菌、副伤寒杆菌、绿脓杆菌、产气杆菌及变形杆菌等。其中最主要的是金黄色葡萄球菌和无乳链球菌。此外,结核杆菌、放线菌、布鲁氏菌及口蹄疫病毒也能引发乳房炎。病原菌主要通过乳头输乳管侵入乳腺;由乳房破损皮肤经淋巴道侵入乳腺;经血液循环流入乳腺引发乳腺炎,如结核病、布鲁氏菌病、口蹄疫及胃肠炎、子宫炎等。如挤奶方法不当、犊牛吸吮咬伤乳头等原因造成乳头创伤,使病原菌侵入乳腺引发乳房炎。

【临床症状】 根据发病情况可分为隐形乳房炎和临床型乳房炎。其特点如下。

①隐性乳房炎 乳房和乳汁都无肉眼可见异常,而乳汁在理化性质上发生明显变化。pH值在7以上,呈偏碱性,乳内含奶块、絮状物,氯化钠含量增加至0.14%以上。体细胞数升高至50万个/毫升以上,细菌数和电导值增加。要通过特定试验才能检出乳汁的变化。

②临床型乳房炎 乳房和乳汁均有肉眼可见的异常。乳房轻度发热,由于痛感而拒绝哺乳和挤乳,患侧肢跛行。乳汁分泌减少,乳汁中有絮片、凝块,有时呈水样,乳汁颜色、味道异常。急性炎伴有体温升高、食欲减退、精神沉郁、泌乳减少或停止。

【防控措施】 对有明显临床症状的临床型乳房炎要及时给予恰当的治疗。一般多采用乳头注入抗生素疗法,青霉素和链霉素是治疗奶牛乳房炎的首选药物,可用青霉素80万单位,蒸馏水50毫升,每日于挤奶后由乳头管口注入。先挤净患部乳房内的乳汁或分泌物(挤奶前可肌内注射10~20单位催产素,促使乳房内残留的乳汁和分泌物排出),用酒精棉球擦拭乳头管口及乳头,经乳头管口向乳池内插入去尖的注射针头,将注射器内的药液徐徐注入乳池内。注射完后抽出针头,用手轻轻捻动乳头管片刻,再以双手掌自乳头向乳腺池向上轻轻按摩挤压,使药液扩散到腺管腺泡。10天左右,用体细胞计数法做1次乳汁检验,如仍为阳性,则需更换另外抗生素继续治疗。乳头注入疗法还可与肌内注射疗法同时进行,用阿莫西林钠,按5~10毫克/千克体重,1次/日,连用3日。

对重病牛除用抗生素疗法外,还需配合用葡萄糖生理盐水1 000～1 500毫升、25%葡萄糖液500毫升、维生素C和B族维生素各适量,静脉注射,每日2次。为了防止酸中毒,可用5%碳酸氢钠液500毫升静脉注射,1次即可。

在急性乳房炎初期,应对患部及时冷敷以抑制炎性渗出,每次15～20分钟,每日2～3次,到第二日改用5%硫酸镁溶液1 000毫升热敷乳房,以止痛和加快炎性产物吸收,每次15～20分钟,早晚各1次。

对隐性乳房炎以控制和预防为主,可从以下五个方面提高奶牛机体的抗病能力,降低乳房炎的发病率。

一是搞好环境和牛体卫生。保持良好的环境卫生,对防止奶牛乳房炎有着重要意义。

二是加强日常饲养管理。平时根据奶牛的营养需要,给予全价日粮,精、粗饲料搭配要合理,禁用霉烂变质饲料。定期检查,及时发现隐性乳房炎病牛,把患病牛与健康牛分开饲养,防止健康牛接触感染病原菌。

三是保持乳头清洁卫生。要严格执行挤奶操作规程,保护乳头清洁和免受外伤。主要采取乳头药浴法:先用洁净温水清洗,每头要有专用消毒毛巾和水桶。每次挤奶以前和挤完奶后1分钟内,将乳头在盛有0.5%～1%碘伏的药浴杯内浸泡0.5分钟,再把残留在乳头管口的乳汁用干净纸巾擦干。挤奶后可用乳头保护膜将乳头封闭,防止病原菌侵入。乳头保护膜是一种丙烯溶液,涂在乳头上干燥后形成一层薄膜,用温水洗擦可去除。保护膜通气性好,对乳头没有刺激性,对防止病菌感染乳头有很好疗效。

四是做好干奶期的预防措施。干奶期一旦乳房出现红肿热痛症状,要将乳房内的乳汁挤出来,从乳头管口向乳池内注入抗生素,待炎症消失后再行干奶。

五是采取其他预防措施。左旋咪唑因具有免疫活性,可提高机体免疫力而被用于乳房炎的预防,按每千克体重 8.0 毫克拌入饲料中饲喂,安全有效,无副作用。也可给奶牛接种乳房炎疫苗,免疫效果较好。

13. 如何防控牛钩端螺旋体病?

本病是由致病性钩端螺旋体引起的人兽共患的自然疫源性急性传染病。其特征为短期发热,黄疸,血红蛋白尿,出血,流产,皮肤和黏膜坏死。俗称"打谷黄"或"稻瘟病"。

【流行病学】 病畜和鼠类或带菌牛是主要的传染源,钩端螺旋体由病畜尿排出,污染水源、土地、饲料等,经消化道或皮肤黏膜传染。吸血昆虫也可传染,还可经过胎盘垂直传播。

【临床症状】 牛感染本病后潜伏期一般为 2～20 天,一般为隐性感染。最急性型多为犊牛。体温突然上升,呼吸心跳加快,结膜发黄,尿红色,腹泻,红细胞降至 100 万～300 万/立方毫米,常于 1 天内死亡。急性型病牛表现高热,黄疸,尿色暗含有大量白蛋白、血红蛋白和胆色素。皮肤干裂坏死或溃疡。发病 3～7 天多死亡。奶牛多见于亚急性型,症状与急性型相似,泌乳减少或停止,乳汁变稠,色黄或混有凝血块,妊娠母牛流产。病程 3～4 个月,其间有 3～4 次周期性出现发热、黄疸和血尿等症状。病牛消瘦,产奶下降。有的牛流产是唯一症状。

【防控措施】 在本病常发地区,可应用含有当地流行菌型的钩端螺旋体多价灭活菌苗预防接种。平时应避免与带菌动物(尤其是猪与鼠类)及被其尿液所污染的水接触。消灭鼠类,杜绝传染源;隔离病牛和带菌者,切断传染源。严禁食用病畜肉及带菌动物的生肉及其他产品。被病牛粪尿污染的场地和水源,应用漂白粉或 2%氢氧化钠液消毒。管好猪、犬等家畜,常发地区应定期接种钩端螺旋体多价疫苗,肌内注射 2 次,间隔 1 周,用量 10～15 毫升,免疫期约 1 年。人群在流行季节前 1 个月接种菌苗。

一旦发现本病,早治为好。链霉素和土霉素等对治疗钩端螺旋体病均有效。链霉素每千克体重 25～30 毫克,肌内注射,每天 2 次;土霉素每千克体重 15～30 毫克,肌内注射,每天 1 次,均连用 3～5 天。对可疑感染的牛,可在饲料中均匀混入土霉素(每千克饲料加 0.75～1.5 克),连喂 7 天。应用双氢链霉素肌内注射,体重 400 千克以上的病牛,每天肌内注射双氢链霉素 500 万单位;不足 400 千克的用 400 万单位;18 月龄接近配种期的牛,用 300 万单位,疗程 5 天,效果较好。

第四章 常见牛寄生虫性群发病的防控

1. 如何防控牛焦虫病?

牛焦虫病是由蜱为媒介传播的寄生于牛的红细胞内的一种虫媒传染病。主要临床症状是高热贫血或黄疸,反刍、泌乳停止,食欲减退,消瘦,严重者则造成死亡。

【流行病学】 该病是由焦虫在蜱体内繁殖,牛、羊放牧时被蜱叮咬而感染的。此病以散发和地方性流行为主,多发生于夏秋季节,以 7~9 月份为发病高峰期。有病区当地牛发病率较低,死亡率约为 40%;由无病区运进有病区的牛发病率高,死亡率可达 60%~92%。

【临床症状】 引起牛焦虫病的焦虫可分为牛巴贝斯焦虫(图 4-1)和牛泰勒焦虫 2 种。根据不同虫体可分为以下主要症状:

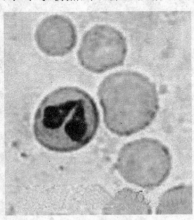

图 4-1 血液中的牛巴贝斯焦虫

(1)牛巴贝斯焦虫病 该病潜伏期为 9~15 天,突然发病,体温升高至 40℃以上,呈稽留热。病牛精神委靡,食欲减退或消失,反刍停止,呼吸和心跳增快,可视黏膜黄染,有点状出血,初期腹泻,后期便秘,尿呈红色乃至酱油色。红细胞减少,血红素指数下降,急性病例可在 2~6 天内死亡。轻症病牛几天后体温下降,恢复较慢。

(2)牛泰勒焦虫病　该病潜伏期 14～20 天,病初体温升高到 40.5℃～41.7℃,呈稽留热,呼吸急促,心跳加快,精神委顿,结膜潮红。中期体表淋巴结显著肿大,为正常的 2～5 倍。反刍停止,先便秘后腹泻,粪中带血丝。步态蹒跚,起立困难。后期结膜苍白,黄染,在眼睑和尾部皮肤较薄的部位出现粟粒至扁豆大的深红色出血斑点,病牛卧地不起,最后衰竭死亡。患病牛要及早治疗,杀灭体表的蜱。良好的饲养管理和护理对预后有良好的效果。

【防控措施】

治疗:①贝尼尔,奶牛 2～5 毫克/千克体重,黄牛 3～7 毫克/千克体重,水牛 7 毫克/千克体重,用蒸馏水配成 5%～7%溶液,深部肌内注射。轻症 1 次即可,必要时每天 1 次,连注2～3 次。水牛对此药较敏感,一般用药 1 次较安全,连续使用,易出现毒性反应,甚至死亡;黄牛偶尔出现起卧不安、肌肉震颤等副作用,可很快消失。②黄色素,每千克体重 3～4 毫克,配成0.5%～1%溶液,静脉注射,症状未减轻时,24 小时后再注射 1 次。病牛在治疗后的数日内须避免烈日照射。注射时,切忌将药液漏到血管外。③阿卡普林,每千克体重用 0.6～1 毫克,配成 5%溶液皮下注射。有时注射后数分钟出现起卧不安,肌肉震颤,流涎、出汗、呼吸困难等副作用(妊娠母牛可能流产),一般于 1～4 小时后自行消失。若不消失,可皮下注射阿托品,每千克体重 0.1 毫克,能迅速解除副作用。④咪唑苯脲,每千克体重 2 毫克,配成 10%溶液,分 2 次肌内注射。⑤在选用以上药物治疗的同时,还应采用对症疗法,才能收到更好的效果,如用维生素 B_{12} 治疗贫血,中等个体的牛一次皮下注射 1～1.5 毫升(80～120 毫克);有条件的,可应用输血疗法,效果更好。

预防:①有蜱的地区应定期灭蜱,牛舍内 1 米以下的墙壁,要用杀虫药如 0.2%～0.5%敌百虫涂抹,杀灭残留蜱。②对牛体表的蜱要定期用1%～2%敌百虫喷药或药浴,以便杀灭之。③不要到有蜱的牧场放牧,对在不安全牧场放牧的牛群,于发病季节前,定期药物预防,以防发病。

2. 如何防控牛锥虫病?

本病是由伊氏锥虫(图 4-2)寄生于宿主血液和造血器官内所引起的一种原虫病,又称苏拉病。宿主除牛外,还可寄生于马类动物、骆驼、象及肉食动物体内。牛患此病时多呈慢性经过,表现贫血、消瘦、四肢下部常发生肿胀,故又名"肿脚病"。饲养管理不善时,也可造成急性发病,引起死亡。

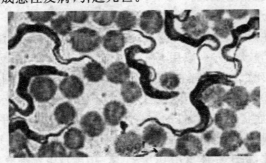

图 4-2 血液中的伊氏锥虫

【流行病学】 牛对锥虫的易感性比马属动物、犬等弱,虽有少数在本病流行初期因急性发作而死亡,但多数呈带虫状态而不发病。气候变冷,枯草季节,牛体抵抗力降低时,则开始发病。呈慢性经过,最后陷于恶病质而死亡。传染源是各种带虫动物。本病流行于热带和亚热带地区。发病季节与吸血昆虫的出现时间有关,如华南地区,吸血昆虫活动时间长,所以本病流行时间就长一些。

【临床症状】 本病潜伏期一般为 6～12 天。急性病例突然发病,体温升高至 41℃以上,呈弛张热型,食欲减退或停止,眼无神、流泪,体力骤减,甚至卧地不起,2～4 天内死亡。牛此型表现者少见,多为慢性型,慢性者表现体温亦可升高至 40℃～41℃,为不定型的间歇热,体温升高时有的会出现结膜炎,可见结膜和瞬膜时隐时现地出现出血点、出血斑或白色水疱,病牛逐渐消瘦,皮肤龟裂,流出黄色或血色液体,体表淋巴结肿胀,肢体水肿,尤以四肢下部水肿最为显著,有的皮肤肌肉出现坏死斑,耳、尾干枯坏死,部分或全部脱落,有时牛角及蹄匣亦可脱落,母牛发生流产,如不及时治疗,可因极度衰竭导致死亡。

【防控措施】　对本病的预防主要是加强检疫制度,对患牛及时隔离治疗或淘汰;在本病高发地区,可于每年流行季节前进行药物预防注射;平时注意消灭传播媒介。严重流行的地区,可采用药物,可用喹嘧胺盐类进行预防,注射 1 次有 3～5 个月的预防效果;萘磺苯酰脲注射 1 次有 1.5～2 个月的预防效果;氯化氮氨菲啶盐酸盐(沙莫林)的预防期可达 4 个月。

一旦发现本病可以用下列方法进行治疗:①萘磺苯酰脲(那加诺,拜耳 205,苏拉明),每头 3～5 克,以生理盐水配成 10%溶液,一次静脉注射。②喹嘧胺(安锥赛),5 毫克/千克体重,以注射水配成 10%溶液,分 2～3 点一次肌内注射。③三氮脒(贝尼尔、血虫净),3.5 毫克/千克体重,用注射水配成 7%溶液,深部肌内注射,每天 1 次,连用 2～3 天。④氯化氮氨菲啶盐酸盐,1 毫克/千克体重,用生理盐水配成 2%溶液,深部肌内注射,当药液总量超过 15 毫升时,应分两点注射。

3. 如何防控日本血吸虫病?

血吸虫病俗称"大肚子病",是由于人或牛、羊、猪等哺乳动物感染了血吸虫所引起的一种寄生虫病。牛血吸虫病有两种,一是由日本血吸虫引起的日本血吸虫病;二是由鸟毕血吸虫引起的鸟毕血吸虫病。

【流行病学】 日本血吸虫是由日本学者于 1904 年首先鉴定，并命名为日本血吸虫。本病以 3 岁以下的小牛发病率最高，症状最为严重。其流行呈地方性流行。日本血吸虫病主要以长江流域和南方省份多见；鸟毕血吸虫病主要分布在东北及内蒙古地区。日本血吸虫寄生在人、牛或宿主动物的血管内，所产虫卵由粪便排出，在水中孵化出毛蚴，感染中间宿主钉螺，在钉螺体内发育成熟后大量逸放出尾蚴，尾蚴钻入人、牛或其他动物宿主，又发育成为成虫，交配产卵，引起病害。其中，可感染并传播日本血吸虫的动物宿主有牛、猪、羊等 40 多种哺乳动物。

【临床症状】 本病根据临床特征可分为急性、慢性。急性血吸虫病是在大量感染尾蚴的情况下发生的，体温升高达 40℃ 以上，呈不规则间歇热，有的呈稽留热，病牛食欲减退，消瘦后期腹泻甚至排粪失禁，排出带有血液和黏液的团块状粪便。同时病牛严重贫血，虚弱无力，起卧困难，治疗不及时会导致病情恶化死亡。多数转为慢性型，慢性者多见，且症状不明显，以渐进性消瘦为主，奶牛产奶量降低，母牛不发情或不受孕，妊娠母牛易造成流产。

【防控措施】 本病主要以预防为主，做好定期驱虫工作，同时做好病牛或带虫牛的粪便无害化处理，并做好饲养管理工作，防止水源、饲料的污染。一旦发现本病，则可以采取以下药物进行紧急处理。吡喹酮，该药是我国广泛应用口服治疗牛日本血吸虫病的理想药物，黄牛 30 毫克/千克体重，水牛 25 毫克/千克体重，奶牛 35 毫克/千克体重，一次口服。硝硫氰胺，该药是 20 世纪主要应用治疗该病的药物，可静脉注射，效果好，副作用小，60 毫克/千克体重，一次口服。兽用敌百虫，15 毫克/千克体重，口服，每日 1 次，连用 5 日。

4. 如何防控胎毛滴虫病?

牛胎毛滴虫病是牛胎毛滴虫（图 4-3）寄生于牛的生殖器官而

引起的。本病的主要特征是在乳牛群中引起早期流产、不孕和生殖系统炎症,给养牛业带来很大经济损失。本病为世界性分布。

【流行病学】　本病常发生在配种季节,主要是通过病牛与健康牛的直接交配,或在人工授精时使用带虫精液或沾染虫体的输精器械而传播。此外也可通过被病牛生殖器官分泌物污染的垫草和护理用具以及家蝇搬运而散播。据报道,牛胎毛滴虫能在家蝇的肠道中存活 8 小时。本病虽多发生于性成熟的牛,但犊牛与病牛接触时,也有感

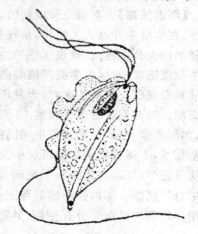

图 4-3　牛胎毛滴虫

染的可能。牛胎毛滴虫对高温及消毒药的抵抗力很弱,在 50℃～55℃时经2～3 分钟死亡;在 3%过氧化氢溶液内经 5 分钟,在0.1%～0.2%福尔马林内经 1 分钟,40%大蒜液内经25～40 秒死亡。在 20℃～22℃室温中的病理材料内可存活 3～8 天,在粪尿中存活 18 天。能耐受较低温度,如在 0℃时可存活 2～18 天,能耐受－12℃低温达一定时间。

【临床症状】　母牛感染后,经 1～2 天,阴道即发红肿胀,1～2周后,开始有带絮状物的灰白色分泌物自阴道流出,同时在阴道黏膜上出现小疹样的毛滴虫性结节。探诊阴道时,感觉黏膜粗糙,如同触及砂纸一般。当子宫发生化脓性炎症时,体温往往升高,泌乳量显著下降。妊娠后不久,胎儿死亡并流产;流产后,母牛发情期的间隔往往延长,并有不孕等后遗症。

公牛于感染后几天内出现阴茎、包皮炎症,包皮肿胀、疼痛、分

泌大量脓性物。阴茎黏膜上发生红色小结节,此时公牛有不愿交配的表现。

【防控措施】 本病主要以预防为主。①实行严格的人工授精制度:在牛群中开展人工授精,是较有效的预防措施。在受精之前应仔细检查公牛精液,确证无毛滴虫感染方可利用。②严格控制病牛检疫制度:对病公牛应严格隔离治疗,治疗后 5~7 天,镜检其精液和包皮腔冲洗液 2 次,如未发现虫体,可使之先与健康母牛数头交配。对交配后的母牛观察 15 天,每隔 1 天检查 1 次阴道分泌物,如无发病迹象,证明该公牛确已治愈。尚未完全消灭本病的不安全牧场,不得输出病牛或可疑牛。③加强新进场牛的检疫工作。对新引进牛,须隔离检查有无毛滴虫病。严防母牛与来历不明的公牛自然交配。④加强环境消毒工作,做好病牛群的卫生工作,一切用具均须与健康牛分开使用,并经常用来苏儿和克辽林溶液消毒。

发现本病则可用以下方法进行治疗:①全身疗法。主要利用甲硝达唑进行静脉注射治疗,每千克体重 10 毫克。②其他疗法。可用 0.2% 碘溶液、1% 钾肥皂、8% 鱼石脂甘油溶液、2% 红汞液或 0.1% 黄色素溶液洗涤患部,在 30 分钟内,可使脓液中的牛胎毛滴虫死亡。此外,1% 大蒜酒精浸液、0.5% 硝酸银溶液也很有效。在 5~6 天之内,用上述浓度的药液洗涤 2~3 次为 1 个疗程。根据生殖道的情况,可按 5 天的间隔,再进行 2~3 个疗程。治疗公牛,要设法使药液停留在包皮腔内相当时间,并按摩包皮数分钟。隔日冲洗 1 次,整个疗程为 2~3 周。在治疗过程中禁止交配,以免影响效果及传播本病。

5. 如何防控弓形虫病?

弓形虫病是由龚地弓形虫(图 4-4)引起的一种人兽共患病。人和动物的感染率都很高。据国外报道,人群的平均感染率为

25%～50%。我国于 20 世纪 50 年代由恩庶氏首先在福建猫、兔等动物体内发现了本病病原体。

图 4-4　龚地弓形虫

【流行病学】　本病呈世界性分布。动物的感染很普遍,但多数为隐性感染。传染源主要为病畜和带虫动物,因为它们体内带有弓形虫的速殖子、包囊。在病畜的唾液、痰、粪、尿、乳汁、腹腔液、眼分泌物、肉、内脏、淋巴结以及急性病例的血液中都可能含有速殖子,如果外界条件有利于其存在,就可能成为传染源。昆虫如蝇类、蟑螂等可机械携带本虫而起传播作用。经口感染是本病最主要的感染途径。牛吞食了猫粪中的卵囊或带虫动物的肉、脏器以及乳、蛋中的速殖子、包囊都能引起感染。孕妇及怀孕的母畜感染弓形虫后,通过胎盘使其后代发生先天性感染。同时,也可经皮肤、黏膜感染。速殖子可通过损伤的黏膜、皮肤进入人、畜体内。弓形虫病流行没有严格的季节性,但秋、冬季和早春发病率最高,可能与动物机体抵抗力因寒冷、运输、妊娠而降低,以及此季节外界条件适合卵囊生存有关。

【临床症状】　本病潜伏期一般为 3～24 天,病牛多呈急性发作,体温迅速升高至 40℃以上,呼吸困难,咳嗽,鼻腔溢液,皮肤有紫斑,耳尖坏死,运动失调,先兴奋后转入昏迷状态。犊牛感染时出现呼吸困难,咳嗽,发热,头震颤,精神沉郁和虚弱等症状,常于 2～6 天内死亡。妊娠母牛会发生流产,多为死胎,有的生下来就死亡。

【防控措施】　本病主要做好预防工作,尤其是灭鼠防猫工作。

畜舍保持清洁,定期消毒。阻断猫及鼠粪便污染饲料及饮水。流产胎儿及其他排泄物,包括流产的场地均需用1%来苏儿或3%氢氧化钠溶液进行严格消毒处理。对死于本病的和可疑的动物尸体严格处理,防止污染环境,禁止用上述物品喂猫、狗或其他动物。

治疗本病主要是使用磺胺类药物,大多数磺胺类药物对弓形虫病均有效。主要药物有:磺胺嘧啶、磺胺甲氧苄氨嘧啶、二甲氧苄氨嘧啶或磺胺甲氧吡嗪等。应注意在发病初期及时用药,如果用药较晚虽可使临床症状消失,但不能抑制虫体进入组织形成包囊,结果使病畜成为带虫者。此外,二磷酸氯喹啉和磷酸伯氨喹啉效果也很好。

6. 如何防控牛皮蝇蛆病?

本病是由于双翅目、环裂亚目、皮蝇科的三期幼虫寄生于牛背部皮下组织,所引起的一种慢性寄生虫病。俗称"牛跳虫"或"牛翁眼"。由于皮蝇幼虫的寄生,可使皮革质量降低,病牛消瘦,发育不良,产奶量下降,造成国民经济巨大损失。我国常见的有牛皮蝇和纹皮蝇两种,有时常为混合感染。皮蝇幼虫寄生于黄牛、牦牛、水牛等,偶尔也可寄生于马、驴、山羊和人等。

【流行病学】 本病是由皮蝇幼虫所引起,两种皮蝇成虫不致病,外形似蜜蜂(图4-5)。在产卵的季节将卵产于牛的四肢上部、腹部、乳房和体侧的被毛上,虫卵淡黄色、长圆形。在我国西北、东北和内蒙古牧区流行甚为严重。皮蝇成虫的活动季节因各地气候条件不同而有差异。在东北地区纹皮蝇出现较早,一般在4月下旬至6月份,牛皮蝇出现较晚,大多数在5~8月份。

【临床症状】 成虫不叮咬牛,但皮蝇在产卵时,发出"嗡嗡声",引起牛只极度惊恐不安,表现蹶踢、狂跑等,因此严重地影响牛采食、休息,造成消瘦,容易造成外伤,妊娠母牛则易造成流产。幼虫钻入皮肤时,引起皮肤痛痒,精神不安。在幼虫寄生部位可见

图 4-5　牛 皮 蝇

皮肤稍隆起、粗糙而凹凸不平,继而皮肤穿孔,如有细菌感染可引起化脓,形成瘘管,经常有脓液和浆液流出,直到成熟幼虫脱落后,瘘管开始逐渐愈合,形成瘢痕。幼虫在生活过程中可使患牛贫血,消瘦,生长缓慢,产乳量下降,使役能力降低。有时幼虫进入延脑和脊髓,引起神经症状,如后退、倒地,半身瘫痪或晕厥,重者可造成死亡。幼虫如在皮下破裂,有时可引起过敏现象,病牛口吐白沫,呼吸短促,腹泻,皮肤皱缩,甚至引起死亡。

【防控措施】　本病的预防主要采取集防集杀方法:在牛皮蝇成虫活动的季节用溴氰菊酯 0.01% 的浓度、敌虫菊酯 0.02% 的浓度,对牛只进行体表喷洒,每头牛平均用药 500 毫升,每 20 天喷 1次,1 个流行季节共喷 4～5 次。也可用 1% 敌百虫等喷洒牛体,每隔 10 天用药 1 次。

　　一旦发现本病则可用下列方法治疗:①化学药物方法。多用有机磷杀虫药,可用药液沿背线浇注。倍硫磷,3% 乳剂,剂量为 0.3 毫升/千克体重;皮蝇磷,8% 药液,剂量为 0.33 毫升/千克体重。伊维菌素或阿维菌素皮下注射对本病有良好的治疗效果,剂量为 0.2 毫克/千克体重。②机械性方法。少量在背部出现的幼虫,可用机械法,即用手指压迫皮孔周围,将幼虫挤出,并将其杀死,但需注意勿将虫体挤破,以免引起过敏反应。

7. 如何防控牛附红细胞体病?

附红细胞体病是由附红细胞体寄生于红细胞表面或游离于红细胞内、血浆中引起的一种人兽共患的传染病,其临床特征是病牛发热、贫血和黄疸。

【流行病学】 附红细胞体病的流行范围广,呈全球性分布。病原体主要寄生于红细胞表面、血浆和血小板。除感染牛外,在我国已查到人、马、驴、骡、猪、牛、山羊、兔、鸡、鼠和骆驼等患附红细胞体病的病例。该病发生不分年龄,但有明显的季节性,多在温暖且吸血昆虫大量繁殖的夏、秋季感染发病。主要传播途径是昆虫以及被病牛血液污染过的器械等。自然感染的媒介有蚊、蠓、蜱等,由于吮吸了病牛或带虫牛的血液,造成传播。

【临床症状】 病初患病牛食欲不振,精神沉郁,喜饮水,异食沙石、泥土。随病情加重则出现反刍减少甚至停止,食欲废绝,体温升高达 40℃～42℃。同时,可见到腹泻、粪便恶臭,排红褐色尿液,可视黏膜黄染,走路摇摆。严重者卧地不起,流涎、流泪,全身肌肉震颤,黄疸严重,热骤退后死亡。妊娠母牛可造成流产。

【防控措施】 本病多为隐性感染,对该病的防治到目前尚无专用的疫苗,主要是加强动物的饲养管理,增强机体的抵抗力,并阻断传播媒介。在夏、秋季要加强灭蚊灭蝇工作,减少吸血昆虫传播本病的机会。在夏初可用 0.15% 敌杀磷等喷洒牛体。对发病过的牛场,在每年发病季节前(一般是 5 月份)用贝尼尔进行预防注射,1～3 毫克/千克体重,隔 10～15 天再注射 1 次。同时,也可用土霉素混入饲料中喂服。

一旦发现本病,则可采取以下方法进行治疗:贝尼尔,2 毫克/千克体重分多点于深部肌内注射,每日 1 次,连续注射 2 次。土霉素、强力霉素疗法,土霉素 15 毫克/千克体重,强力霉素 20 毫克/千克体重,口服或肌注,连用 14 天。还可选用黄色素、新胂凡纳明、盐酸咪唑苯脲、氯苯胍等药物。对于出现全身症状者则用对症治疗法,及时采取静脉注射葡萄糖、维生素、能量合剂及输血等措施。

8. 如何防控牛肺线虫病?

本病是由丝状网尾线虫和胎生网尾线虫引起的一种寄生在牛支气管或细支气管的线虫病,又叫网尾线虫病。临床上以咳嗽、气喘、肺炎为主要症状。

【流行病学】　丝状网尾线虫多寄生于牛气管及支气管;胎生网尾线虫则多寄生于低洼潮湿牧场放牧的犊牛。网尾线虫不需要中间宿主。病牛和带虫牛是主要传染源,卵在气管、支气管产出后随宿主咳嗽时吞入消化道,随粪便排到外界,宿主吞食后即可随血液及淋巴液到达肺脏。

【临床症状】　本病主要临床症状为咳嗽。轻度感染时一般症状不明显。当继发细菌感染时可引起广泛性肺炎,体温升高达 $40.5℃～42℃$。严重时主要表现阵发性咳嗽、气喘,由干咳转为湿咳,常发生群体性咳嗽,且常咳出黏液团块,镜检可检出虫卵或幼虫。有的病牛常从鼻孔中排出黏液分泌物,在鼻孔周围形成结痂,经常打喷嚏,后期严重贫血。可造成大批量的死亡。

【防控措施】　本病主要以预防为主,采取定期驱虫制度以及加强饲养管理,降低感染几率。

①定期驱虫　在本病常发地区于每年放牧前进行 2～3 次的有计划的驱虫工作。主要药物有:丙硫咪唑,10～15 毫克/千克体重,内服。左旋咪唑,8～10 毫克/千克体重,内服。

②加强饲养管理　避免在低洼潮湿地区放牧。粪便应集中发酵;圈舍保持干燥,避免牧场积水;注意饮水卫生等,以防病原扩散。

9. 如何防控牛绦虫病？

本病是由多种类绦虫（图 4-6）寄生于牛小肠内所引起，常呈地方流行。主要特征是消瘦、贫血、腹泻，尤其对犊牛危害严重，不仅可以引起发育不良，而且可导致死亡。

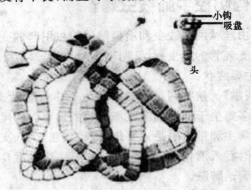

图 4-6　绦虫形态特征

【流行病学】　本病的病原体主要有 4 种，分别为扩展莫尼茨绦虫、贝氏莫尼茨绦虫、盖氏曲子宫绦虫和无卵黄腺绦虫。其中莫尼茨绦虫呈世界性分布，主要危害当年生的犊牛；盖氏曲子宫绦虫主要危害老龄牛，我国大部分地区都有病例出现；无卵黄腺绦虫主要分布在我国西北及内蒙古牧区。本病主要危害反刍动物，患病牛和带虫牛是主要传染源。地螨是主要宿主，且地螨种类多、分布广，尤其是在潮湿、肥沃的土地里多见。而地螨主要吞食由带虫牛排出的孕卵节片或虫卵，虫卵经 40 天发育为似囊尾蚴，当牛吃草时吞食含有似囊尾蚴的地螨时而感染。

【临床症状】　本病的临床症状取决于牛感染虫体的强度，虫体数量多时表现出明显的症状。犊牛较成年牛症状明显。主要表现为消化功能紊乱,腹泻,肠膨气,贫血,逐渐消瘦,最后衰竭死亡。如果虫体数量多时可造成肠阻塞,甚至造成虫体破裂,释放毒素,引起牛的神经症状,出现回旋运动、痉挛、抽搐,重症者死亡。

【防控措施】　本病主要以预防为主,做好定期驱虫。对犊牛在春季放牧后 4～5 周进行成虫期前驱虫,2～3 周后再驱虫 1 次;成年牛每年可进行 2～3 次驱虫,驱虫后的粪便发酵处理;如果有条件的地方可尽量消灭地螨,进行牧场的彻底改造或进行农牧轮作;避免在低湿地方放牧,尽量避免在清晨、黄昏和雨天放牧。

一旦发生本病,可选择下列药物:硫双二氯酚,50 毫克/千克体重,一次口服,投药后可能出现短暂腹泻,可在 2 天自愈;丙硫咪唑,10 毫克/千克体重,一次口服;氯硝柳胺,50 毫克/千克体重,一次口服。

10. 如何防控牛囊尾蚴病?

本病是由牛带吻绦虫幼虫引起的一种人兽共患病。该虫主要寄生在牛的舌肌、咬肌、肋间肌等处。本病不仅危害牛的健康,造成很大的经济损失,同时对人体的危害性也很大。

【流行病学】　牛囊尾蚴呈黄豆粒大小,里面充满半透明囊液,囊壁内有一乳白色小结,其形态同成虫。人是无钩绦虫的唯一终末宿主,牛是中间宿主。成虫寄生在人的小肠内,孕节或卵随粪便排出体外,孕节或孕节破裂后散出的虫卵污染了饲料、饮水及牧场,被牛吞食后,虫卵或孕节进入消化道形成六钩蚴,然后又进入血液,最后随血液进入肌肉等组织中,经过 6 个月左右形成囊尾蚴,在牛体内可存活 9 个月。

【临床症状】　感染初期可见明显症状,最初几天体温升高达 40℃～41℃,病牛虚弱,腹泻,食欲不振,运动障碍,长时间躺卧,有时可引起死亡。常于 8 天后症状消失。

【防控措施】　本病重在预防,一旦发现该病,则治疗意义不大。主要的防控措施有:加强饲养管理。做好牧场的卫生防疫工作,在牛棚、圈舍周围做好人粪便的无害化清理,最好在人员集中地区修建厕所,同时开展好卫生宣传工作。搞好人体驱虫及食品卫生工作。有能力的地区可开展人绦虫病的普查工作,并做好定期驱虫,对潜在传染源做好管理,粪便无害化处理;加强食品卫生检疫,严防不合格肉食品进入消费者中,造成疾病流行。

治疗可口服吡喹酮,40毫克/千克体重,每天1次,连用7天;芬迷达唑,5~7.5毫克/千克体重,每天1次,连用2~3天。

11. 如何防控牛棘球蚴病?

棘球蚴病又称"包虫病",是棘球绦虫的中绦期寄生于牛的肝、肺及其他器官中引起的一类重要的人兽共患寄生虫病。

【流行病学】 目前,世界公认的病原有4种:细粒棘球绦虫;多房棘球绦虫;少节棘球绦虫;福氏棘球绦虫。我国有2种:细粒棘球绦虫和多房棘球绦虫,其中以细粒棘球绦虫多见。棘球蚴(图4-7)体积大,生长力强,不仅压迫周围组织,使之萎缩和发生功能障碍,还易造成继发感染。如果蚴囊破裂,可引起过敏反应,甚至死亡。成虫棘球绦虫(图4-8)寄生于犬科动物的小肠中。随粪便排出后污染皮毛、草地、厩舍、土壤等,牛吞食虫卵后,在消化道内孵化出六钩蚴,进入肠壁血管,然后随血液循环到达肝脏、肺脏、肾脏等器官,逐渐发育成棘球蚴。

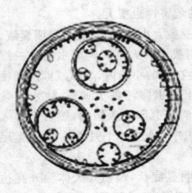

图4-7 棘球蚴

【临床症状】 棘球蚴对动

物的危害严重程度主要取决于棘
球蚴的大小、数量和寄生部位。
一般侵害肝脏和肺脏。当侵害到
肺脏时可出现咳嗽、呼吸困难等
肺炎症状；当侵害到肝脏时可见
肝区部肿大,触诊有疼痛感,病牛
开始出现消瘦、黄疸、腹水、倒地
不起,终因恶病质或窒息而死亡。
有时也可因囊泡破裂而产生严重
过敏反应,突然死亡。

图 4-8　棘球绦虫

　　【防控措施】　本病应采取综
合防治措施,切断传染源。对犬
进行定期驱虫,常用药物：吡喹
酮：剂量为 5 毫克/千克体重,内服,疗效 100％。盐酸丁萘脒片,
25～50 毫克/千克体重,绝食后 3～4 小时投药。驱虫后特别应注
意犬粪的无害化处理,深埋或烧毁,防止病原的扩散。对牧场周围
的野犬进行驱赶,防止污染牧场。加强对屠宰场的检疫,及时处理
病畜内脏。病畜的脏器不得随意喂犬,必须经过无害化处理。经
常保持畜舍、饲草、饲料和饮水卫生,防止犬粪的污染。人与犬等
动物接触时应注意个人卫生。

12. 如何防控牛肝片吸虫病?

　　肝片吸虫病是由片形科、片形属的肝片形吸虫和大片形吸虫寄
生于牛的肝脏、胆管中所引起的疾病,又叫肝蛭病。以急性或慢性
肝炎和胆管炎为特征,并伴有全身性中毒现象和营养障碍,危害相
当严重,尤其对幼犊,可引起大批死亡。在其慢性病程中,可使病牛
瘦弱,发育障碍,耕牛使役能力下降,奶牛产奶量减少,毛、肉产量减
少和质量下降,给畜牧业经济带来巨大损失。

【流行病学】　肝片形吸虫(图 4-9)系世界性分布,是我国分布最广泛、危害最严重的寄生虫之一。本病病原体主要有两种,分别为肝片形吸虫和大片形吸虫。大片形吸虫主要分布于热带和亚热带地区,在我国多见于南方各省、区。患畜和带虫者不断地向外界排出大量虫卵,污染环境,成为本病的污染源。本病的中间宿主是椎实螺,易在低洼和沼泽地流行。动物长时间地停留在狭小而潮湿的牧地放牧时最易遭受严重的感染。舍饲的动物也可因食用从低洼、潮湿的牧地割来的牧草而受感染。肝片吸虫成虫寄生在牛羊的肝胆管内,产出虫卵,虫卵随胆汁进入肠内与粪便混合排出体外,在水中孵化出毛蚴。毛蚴在水中寄生于椎实螺体内发育成尾蚴,尾蚴离开螺体附着在草上或进入水中,同时分泌液体包裹成囊蚴。牛吞食囊蚴,到小肠后沿着胆管或穿过肠壁到肝胆管内寄生。

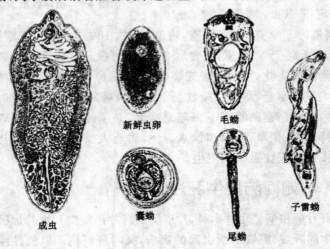

新鲜虫卵　　毛蚴

囊蚴

尾蚴

子雷蚴

成虫

图 4-9　肝片吸虫生活史

【临床症状】　本病临床症状取决于虫体数量和牛的营养状况。根据病程和症状可将本病分为急性和慢性 2 种。牛多呈慢性经过,犊牛症状明显,成年牛一般不明显。如果感染严重,营养状况欠佳,也可能引起死亡。急性型一般以犊牛多见,主要表现为精神沉郁、体温升高、食欲减退、走路蹒跚,并有腹泻和贫血症状。慢性型较为常见,病牛主要表现为逐渐消瘦,被毛粗乱,易脱落,食欲减退,反刍异常,继而出现周期性瘤胃臌胀或前胃弛缓,腹泻,贫血,水肿,母牛不孕或流产。奶牛产奶量下降,质量差,如不及时治疗,可因恶病质而死亡。

【防控措施】　应根据流行病学特点,采取综合防治措施。①定期驱虫。驱虫的时间和次数可根据流行区的具体情况而定。在我国北方地区,每年应进行 2 次驱虫:一次在冬季;另一次在春季。南方因终年放牧,每年可进行 3 次驱虫。急性病例可随时驱虫。在同一牧地放牧的动物最好同时驱虫,尽量减少感染源。家畜的粪便,特别是驱虫后的粪便应堆积发酵产热而杀死虫卵。②消灭中间宿主。灭螺是预防片形吸虫病的重要措施。可结合农田水利建设,草场改良,填平无用的低洼水潭等措施,以改变螺的孳生条件。此外,还可用化学药物灭螺,如施用 1:50 000 的硫酸铜、2.5 毫克/升的血防 67 均可达到灭螺的效果。如牧场面积不大,亦可饲养家鸭,消灭中间宿主。③加强饲养卫生管理。选择在高燥处放牧,动物的饮水最好用自来水、井水或流动的河水,并保持水源清洁,以防感染。从流行区运来的牧草须经处理后,再饲喂舍饲的动物。

一旦发现该病应及时治疗,治疗时,不仅要进行驱虫,而且应该注意对症治疗。治疗药物主要有以下几种:①硫双二氯酚,对畜禽的多种吸虫和绦虫有驱除作用,为目前较为理想的广谱驱虫药。40~50 毫克/千克体重,一次口服。有消化道疾病或其他严重疾病的牛不宜使用此驱虫药。②丙硫咪唑 20~30 毫克/千克体重,一次口服。本药不仅对成虫有效,而且对幼虫也有一定的功效。③硝氯酚,粉剂 3~4 毫克/千克体重;针剂 0.5~1.0 毫克/千克体重,深部肌内注射。适用于慢性病例,对幼虫无效。④氯氰碘柳胺钠,5%注射液,皮下(肌内)注射,牛 2.5～5 毫克/千克体重·次。5%悬浮液,口服,5 毫克/千克体重·次。⑤三氯苯达唑(肝蛭净),本品为新型苯并咪唑类驱虫药,对各种日龄的肝片吸虫均有明显杀灭效果。内服,牛 12 毫克/千克体重·次。

13. 如何防控牛球虫病?

牛球虫病是由艾美耳科、艾美耳属的球虫寄生于牛的肠道内所引起的一种原虫病。主要特征为急性或慢性出血性肠炎,临床表现为渐进性贫血,消瘦和血痢。

【流行病学】 本病以犊牛最易感,且发病严重。常以季节性地方性流行或散发的形式出现。牛球虫病多发生于春、夏、秋三季,特别是多雨连阴季节,在低洼潮湿的地方放牧,以及卫生条件差的牛舍,都易使牛感染球虫。各品种的牛都有易感性,2 岁以内的犊牛发病率较高,患病严重。成年牛患病治愈或耐过者,多呈带虫状态而散播病原。牛患其他疾病或使役过度及更换饲料时抵抗力下降易诱发本病。

【临床症状】 潜伏期 15～23 天,有时达 1 个多月。发病多为急性型,病期通常为 10～15 天,个别情况下有在发病后 1～2 天内引起犊牛死亡的。病初精神沉郁,被毛粗乱无光泽,体温略高或正常,腹泻,母牛产奶量减少。约 7 天后,病牛精神更加沉郁,体温升高至 40℃～41℃。瘤胃蠕动和反刍停止,肠蠕动增强,排带血的稀便,内混纤维素性薄膜,有恶臭。后肢及尾部被粪便污染。后期粪呈黑色,或全部便血,排粪失禁,体温下降至 35℃～36℃,在恶病质和贫血状态下死亡。慢性型的病牛一般在发病后 3～6 天逐渐好转,但腹泻和贫血症状持续存在,病程可能拖延数月,最后因极度消瘦、贫血而死亡。

【防控措施】 本病的预防主要采取隔离、消毒卫生和治疗等综合性措施。成年牛多系带虫者,故犊牛应与成年牛分群饲养。放牧场地也应分开。勤扫圈舍,将粪便等污物集中进行生物热处理。定期清查,可用开水、3%~5%热碱水消毒地面,牛栏、饲槽、饮水槽,一般每周 1 次。母牛乳房应经常擦洗。球虫病往往在更换饲料时突然发生,因此更换饲料应逐步过渡。药物预防:氨丙啉以 5 毫克/千克体重混饲,连用 21 天;或用莫能菌素以 1 毫克/千克体重混饲,连用 33 天。

如果发生该病则可以下药物进行治疗:①应用磺胺类,磺胺二甲基嘧啶,按 0.1 克/千克体重,内服,每天 1 次,连用 7 天,可减轻症状,抑制球虫病的发展恶化。②氨丙啉,20~25 毫克/千克体重,口服,连用 4~5 天为 1 个疗程。③取碘胺咪 1 份,次硝酸铋 1 份,食母生 2 份,矽炭银 5 份,按比例混合均匀,按 70 克/100 千克体重剂量内服,每日 1 次,连用 3~5 次。④对症治疗,在使用抗球虫药的同时应结合止泻、强心、补液等对症方法。贫血严重时应考虑输血。

14. 如何防控牛螨病?

牛螨病又叫牛疥癣病,俗称癞病,是由痒螨或疥螨寄生在牛的体表引起的慢性皮肤病。以剧痒,湿疹性皮炎、脱毛和具有高度传染性为主要特征。本病主要在冬季流行,其次是晚秋和早春,夏季则处于潜伏状态。

【流行病学】　痒螨和疥螨的发育都分为卵、幼虫、稚虫和成虫 4 个阶段;所不同的是痒螨在皮肤表面刺吸组织液为食,疥螨(图 4-10)则在皮肤表皮挖洞,以角质组织及渗出液为食。在阴暗潮湿、拥挤、饲养管理差的牧场均易发生本病,尤其以犊牛受害最为严重。其主要的感染方式为直接接触污染的用具、墙角或存在螨虫的衣物等而感染,其后将在牛群中传播。

【临床症状】　致病作用主要是引起剧痒,干扰病牛的采食与

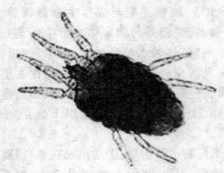

图 4-10　疥螨成虫

休息;其次是造成皮炎。病牛日渐消瘦,严重的可陷入恶病质而死亡。表现症状主要是剧痒,病牛经常摩擦、舐吮患部;皮肤损伤,开始时为小红点或小水疱,之后有黄色组织液渗出,然后结成厚厚的黄色痂皮。如有擦伤,则可能出血,结痂中带有血色。后期可有皮肤增厚,消瘦,贫血及恶病质反应,严重者可引起死亡。

【防控措施】　本病的防控主要以预防为主,做好带虫牛的治疗清除;同时消灭牛舍和环境中的螨类。主要措施如下:①保持牛舍的清洁、干燥、通风,常更换褥草等。②做好消毒工作,牛舍和用具要定期消毒,用生石灰水涂擦墙壁和运动场的栅栏等。③经常检查牛群,发现该病,立即隔离治疗,以免发生传播。对新进牛要严格检查,并隔离观察。④定期药浴,主要在秋季 10～11 月份进行。所用药品主要有胺丙畏、螨净等。其中胺丙畏可配成有效成分 0.03%～0.05%浓度淋浴,也可配成 0.02%浓度池浴,持效期可达 63 天,且安全,毒性较低。⑤定期服药(注射),从 10 月份起,用阿维菌素或伊维菌素系列药品按有效成分 0.2 毫克/千克体重内服或注射,每隔 20～25 天用药 1 次,连用 3 次。

如果发现本病,可用下列方法进行治疗:0.5%～1.0%敌百虫 30 克喷洒患部,每隔 1 日进行 1 次,连续 2～3 次。伊维菌素 0.2 毫克/千克体重,皮下注射,隔日 1 次。二嗪农 250 毫克/千克体重,喷淋或药浴。

注意事项:在治疗大群时,需要注意药物毒性反应,可先进行个体试验,观察药物疗效和毒性反应。治疗时最好选晴朗天气。

第五章　常见牛营养代谢性群发病的防控

1. 如何防控奶牛酮病？

奶牛酮病又称奶牛醋酮血病、酮血症、酮尿病，是由于饲料中糖和产糖物质不足，导致脂肪代谢紊乱，大量酮体在体内蓄积的一种疾病。是奶牛泌乳早期常见代谢病中真正的管理性疾病。其临床特征为食欲减损、渐进性体况下降以至消瘦，体重减轻，产奶量下降，血、尿、乳、汗和呼气中有特殊的丙酮气味，部分牛伴发神经症状。

【发病原因】　本病世界各国都普遍存在，已成为危害奶牛业发展的主要疾病之一。常见于产后 2～3 周内，产前和分娩 8 周后比较少见。尤其多发于营养良好的高产奶牛。日粮营养充足但不平衡，糖和能量不能满足高产奶牛泌乳需要；以及日粮营养缺乏，体内糖原储备不足，不能维持正常泌乳需要是主要发病原因。运动不足、前胃功能减退容易促使本病的发生。因为奶牛产后泌乳高峰出现得早（在产后 4～7 周出现），消耗大量的能量，而产后食欲高峰出现较晚（在产后 10～12 周），从分娩到泌乳高峰这一时期奶牛对能量的需要超过了从饲料中摄取能量，引起能量负平衡，因而导致发病。原发病的发生在很大程度上取决于管理、营养和气候。常见原因是奶牛产后碳水化合物供给不足，各种因素引起的糖异生作用发生障碍，饲料品质差，过量饲喂丁酸含量高的青贮饲料，运动不足，分娩时过度肥胖，特种营养如丙酸、钴的缺乏，泌乳增速太快且产奶量过高等。继发性酮病常见于引起食欲减损的疾病，如皱胃变位、创伤性网胃炎、子宫内膜炎、乳房炎、生产瘫痪以及其他分娩后常见的疾病等。

【临床症状】 本病根据症状可分消化型和神经型 2 种。对轻型病例可采用改善饲养管理的办法,预后一般良好,病死率少于 4%~5%。诊治延误,可使病情恶化,最后陷入昏睡而死亡。病程 1 周到数周,有的可达数月。

①消化型 病初表现为反复无规律的、原因不明的消化紊乱。食欲和反刍减少,泌乳量下降,有时伴发卡他性肠炎症状,拒食精饲料、青贮饲料,只采食少量青干草,继而食欲废绝;常发生异嗜,食入污秽不洁的垫草。反刍减少、有时发生间歇性瘤胃臌气;体重逐渐减轻,被毛粗乱无光,皮下脂肪消失,皮肤弹性减退;粪便稍干、量少,尿量也减少,呈蛋黄色水样,尿下时容易形成泡沫。病牛的呼出气、乳汁、尿液、汗液中散发有特殊的丙酮气味(如烂苹果味)。

②神经型 见于少数病牛,突然发病,初期兴奋不安,听觉过敏,眼球震颤,咬肌痉挛;不认饲槽,盲目行走;有些病牛目光怒视,横冲直撞、不可遏制,亦有举尾于运动场内无目的地奔跑,称之为"疯牛"。有的病牛空口磨牙、流涎、感觉过敏,不断舔皮肤,吼叫。后期转为精神抑制,四肢叉开或交叉站立,步态蹒跚,全身紧张,肩胛部和腹部肌肉震颤;不能站立,卧地不起,有的头曲于颈侧呈昏迷状态。

【防控措施】 本病最有效的预防措施是加强饲养管理,保证奶牛充足的能量摄入。在产犊前,取中等能量水平,如以粉碎的玉米和大麦片等为高能饲料,能很快提供可利用的葡萄糖。产犊后减少精饲料的饲喂,增加优质青干草、甜菜、胡萝卜等含糖和维生素丰富的饲料;也不宜突然更换日粮类型,日粮中应含有平衡的维生素和矿物质营养。同时,适当增加运动,及时治疗其他病症。

本病的治疗原则是补糖抗酮,促进糖原异生,提高血糖含量,减少体脂动员,提高饲料中丙酸及其他生糖物质的利用。具体措施:①50%葡萄糖注射液 500 毫升,静脉注射,每日 2 次,连用数日。同时,肌内注射胰岛素 100~200 单位,则效果更好。②口服生糖物质如丙二醇或甘油,推荐剂量都是 125～250 克,加等量水混合,每日 2 次。③氢化可的松 0.5 克,静脉注射,或醋酸可的松 1～1.5 克,肌内注射,或促肾上腺皮质激素 1.0 克皮下注射,或口服甲基强的松龙 25 毫克,每日 1 次,均可奏效。地塞米松作用较可的松强 15 倍,几乎没有钠的贮留,用量 10～20 毫克,肌内注射 1 次即能奏效。④配合疗法。包括镇静、纠正酸中毒。对兴奋不安的病牛可以用水合氯醛治疗,首次剂量为 30 克,加水灌服,继之给予 7 克,每日 2 次,连用几天;静脉注射 5% 碳酸氢钠注射液 500～1 000 毫升,或内服碳酸氢钠 50～100 克,每日 1～2 次,以纠正酸中毒。⑤补充复合维生素制剂。

2. 如何防控骨软症?

骨软症是指成年动物由于饲料中钙、磷缺乏或两者比例不当而引起的未钙化的骨基质过剩、骨质进行性脱钙导致骨质疏松的一种慢性疾病。临床上以消化功能紊乱、异嗜癖、骨骼变形和运动障碍为特征。

【发病原因】 临床上所见的牛的骨软病,主要由饲料中钙磷缺乏引起;日粮中磷缺乏或钙过剩时,二者比例关系即发生改变。日粮中钙过剩而磷相对不足,比例严重失调,导致牛群发生本病。日粮中维生素 D 不足对骨软症的发生可能起到促进作用。此外,诸如牛只年龄、妊娠、泌乳、无机钙源的生物学效价、蛋白质和脂类缺乏或过剩,其他矿物质如锌、铜、钼、铁、镁、氟等缺乏或过剩,均可对本病的发生产生间接影响。

【临床症状】 病初表现以异嗜为主的消化功能紊乱。病牛舔食墙壁、泥土,啃嚼砖瓦石块,消化不良。牛采食被粪尿污染的垫草,吞食异物可能造成食道阻塞、创伤性网胃炎等。后出现运动障碍,表现为腰腿僵硬,拱背站立,肘外展,后肢呈"X"形,运步强拘,一肢或数肢跛行,有时跛行交替出现,经常卧地而不愿起立。病情进一步发展则出现骨骼肿胀变形。四肢关节肿大疼痛,肋骨与肋软骨结合部肿胀,尾椎骨移位变软,最后几个椎体常消失,人工可使尾椎蜷曲。尾椎骨椎体移位、萎缩,尾端椎骨愈合或椎体消失。

【防控措施】 在预防上,对高产奶牛应科学饲养,主要做到以下几点:①在饲养上要按动物饲养标准制订日粮中钙、磷含量,特别注意钙、磷的比例,奶牛钙、磷比为 $2\sim1.5:1$,干奶期间于泌乳前 14 天改为 $0.7\sim0.8:1$,分娩后恢复至 $1.5\sim2:1$。②在骨软症流行区,可增喂麦麸、米糠、豆饼等富磷饲料,定期对日粮组成成分进行饲料分析,加强饲养管理,多喂青绿饲料和优质青干草,增加日光照射。

对因磷缺乏引起的重症骨软症患牛,可静脉注射 20% 磷酸二氢钠注射液 $300\sim500$ 毫升,每日 1 次,$5\sim7$ 天为 1 个疗程;或用 3% 次磷酸钙注射液 1000 毫升静脉注射,每日 1 次,连用 $3\sim5$ 天,有较好的疗效;若同时使用维生素 D 400 万单位,肌内注射,每周 1 次,连用 $2\sim3$ 周,则效果更好。也可用磷酸二氢钠 100 克,口服,同时注射维生素 D。重症病牛最好在应用磷制剂的同时,输注健康牛相合血液 $1\sim2$ 升。

3. 如何防控佝偻病?

佝偻病是快速生长期的犊牛因维生素 D 缺乏、钙和/或磷缺乏、钙磷比例失调引起代谢障碍所致的骨营养不良。临床特征是消化功能紊乱、异嗜癖、跛行及骨骼变形。

【发病原因】 先天性佝偻病起因于妊娠母牛维生素 D 或钙、磷供给不足,影响胎儿骨组织的正常发育。母乳中维生素 D 不足导致钙、磷吸收障碍;断奶后日粮中维生素 D 缺乏、钙和/或磷含量不足或比例失衡;不合理饲养,缺乏运动,冬季长期阳光照射不足;长期腹泻,影响钙、磷和维生素 D 的吸收、利用;日粮中蛋白性饲料过多,代谢过程中形成大量酸类,与钙形成不溶性钙盐大量排出体外,上述这些原因可造成犊牛的后天性缺钙。

【临床症状】 病初犊牛精神沉郁,喜卧,异嗜,舔食墙土、粪尿等污秽物质。肢体软弱无力,站立时,四肢频繁交换负重,运步时步态强拘,前肢腕关节屈曲,呈内弧形或罗圈形(也称"O"形腿);后肢跗关节内收,呈"八"字形(也称"X"形腿),关节扩大,跛行或步态不稳。骨骼变化更明显,面骨肿胀、突起,采食和咀嚼困难。牙齿出生延迟,齿面磨损不整,齿质钙化不足、凹凸不平,常有色素沉着。

【防控措施】 防治本病的关键是保证机体获得充足的维生素 D 和日粮中钙、磷的含量及比例。哺乳母牛日粮中应按需要量补充维生素 D,保证冬季舍饲期得到足够的日光照射和饲喂经过太阳晒过的青干草。补充矿物性饲料添加剂(骨粉、鱼粉、贝壳粉、钙制剂)及鱼肝油,日粮中钙、磷比例控制在 1.2~2:1。

对未出现明显骨和关节变形的病牛,应尽早实施药物治疗。维生素 D 制剂:维生素 D_2 2~5 毫升,肌内注射;或维生素 D_3 5 000~10 000 单位,每天 1 次,连用 1 个月;或维生素 D 胶性钙 1~4 毫升,皮下或肌内注射。亦可应用浓缩维生素 AD(浓缩鱼肝油),犊牛 2~4 毫升,肌内注射,或混于饲料中喂予。配合应用钙制剂:碳酸钙 5~10 克,或磷酸钙 2~5 克,乳酸钙 5~10 克,或甘油磷酸钙 2~5 克,内服。亦可应用 10%~20%氯化钙注射液或 10%葡萄糖酸钙注射液 20~50 毫升,静脉注射。

4. 如何防控母牛爬卧综合征?

母牛爬卧综合征是指母牛分娩前后无任何明确原因所致瘫痪,在 24 小时内仍不能站立者;或生产瘫痪牛用钙制剂治疗 10 分钟内不能站立者,经第二次用钙制剂治疗 24 小时内仍不能站立者,方可认为是爬卧综合征。

【发病原因】 发生本病主要病因有代谢性、产科性和外伤性。

代谢性病因则主要是血钙浓度过低,造成生产瘫痪,对生产瘫痪治疗不及时,钙制剂用量不足,并且又未及时追加钙量时,常可发展为母牛爬卧综合征。除钙代谢障碍外,低磷血症、低镁血症并发低血钙时,可造成卧地不起。产科性原因则主要是由于胎儿过大、产道开张不全、助产粗鲁、损伤产道及周围神经、髋臼脱位,犊牛产出后,母牛发生麻痹,如同时伴有低钙血症,一般皆发展为爬卧综合征。而外伤性原因则主要是由于大腿肌肉及关节周围组织损伤,或因压迫性损伤,引起卧地不起。

【临床症状】 本病的主要表现是长时间的卧地不起。但病牛神志清醒,反应敏捷,食欲正常或减退,如严重时表现为侧卧姿势,头后仰,四肢抽搐,对刺激敏感,废食、停饮,其大脑可能易受损伤,预后多不良。有的可并发严重的乳房炎,有时因肘、跗关节及坐骨、髋骨等突出部位发生褥疮,大多归于死亡或淘汰。如精心治疗和护理,有的病牛可 4 天内站立,如 7 天以上仍不能站立时,大多归于死亡。有些牛如心肌炎症较重,也可能在发病后 48~72 小时内死亡。

【防控措施】 对本病的预防主要是加强饲养管理,尤其是妊娠后期的高产奶牛的饲养管理,防止牛的外伤性损伤。分娩前 8 天开始注射维生素 D_3 1 000 万单位,如 8 天后未分娩,尚需重复注射。产前 3~5 天静脉注射葡萄糖酸钙溶液 500 毫升,1 次/天,连用 3~5 天。产后牛一旦不愿起立,应立即静脉注射钙制剂,不可延误而酿成爬卧综合征。

一旦发现本病,则首先需要判断瘫痪的性质,如属于骨折、腱断裂、关节脱位、肌肉大面积损伤者应补充多种电解质并采用对症治疗。①营养性的卧地不起,可用 20％葡萄糖酸钙(内含 4％硼酸)溶液 500~1 000 毫升并配合适量维生素 B_1、维生素 C ,一次静脉注射,2~3 次/天;20％磷酸二氢钠注射液 200~300 毫升,或者 10％氯化钾注射液 50 毫升,5％葡萄糖注射液 500 毫升,缓慢静脉注射,25％硫酸镁注射液 200～300 毫升皮下注射。充分保证血钙浓度处于正常水平。②有条件的可用吊带把牛吊起,亦有益于减少缺血性肌坏死。而最为重要的是应使牛在松软的垫草上,并每天翻身数次,防止滑倒或在翻身过程中再受损伤。已站立起来的牛,应继续治疗 2～3 天,以巩固疗效,防止本病复发。牛人工辅助站立后,还需用草把或破麻袋之类揉擦腿部皮肤,以促进局部血液循环。③对于低血钙性产后瘫痪,应及时诊断和治疗,而且首次钙剂量一定要用足。一旦病牛首次用药后尚未站立者,应重复及时给药,以防止发生爬卧综合征。④对百会穴注射维生素 B_{12},每天 1 次,每次 10～15 毫升,连注 3～5 天,可取得良好效果。

5. 如何防控母牛肥胖综合征?

母牛肥胖综合征又称为牛妊娠毒血症或牛脂肪肝病,是一种由于能量代谢障碍所致的母牛妊娠期过度肥胖,临床上以食欲废绝、衰弱、喜卧、心率加快、昏迷、严重酮血症、高病死率等为主要特征的一种营养代谢性疾病。分娩前的肉用肥胖母牛或分娩后的乳用肥胖母牛多发。

【发病原因】　本病的发生与遗传因素有一定的关系,但最主要原因是不合理的饲养管理,造成母牛妊娠后期过肥。在泌乳后期或干乳期饲喂高能量饲料,如饲喂谷物或青贮玉米太多;或分娩前停奶时间过早;或干奶期拖得过长;或干乳期牛、妊娠后期牛未及时与泌乳期牛分群饲养,仍喂给泌乳期饲料;或妊娠前期饲料供应过多等,使能量摄入过多,致使妊娠后期母牛过度肥胖,在分娩、泌乳、气候突变、饲料突然短缺或采食量锐减等应激条件下易发生本病。另外,怀双胎母牛,或胎儿过大,或产奶量高,或日粮中缺乏某些蛋白质或缺钙,或真胃左方移位、前胃弛缓、创伤性网胃炎、生产瘫痪、大量内寄生虫感染及某些慢性传染病等影响食欲的疾病,可继发脂肪肝。若饲喂有毒豆类饲料,则加速本病的发生。

【临床症状】 本病的主要临床特点是奶牛异常肥胖,但病牛的体温、脉搏和呼吸都正常。一般在产后几天内食欲废绝,产奶量下降,倒地不起,呈现严重的酮病症状,采取治疗酮病的措施亦无效。有的病牛有神经症状,凝视,头高抬,头颈部肌肉震颤,最后昏迷,心跳增速,多数患牛死亡。临产之前的肥胖肉母牛患病时多表现兴奋不安,具有攻击性,步态不稳,共济失调,易跌倒,倒地后起立困难,粪便少而干,心动过速。如果在产前 2 个月发生脂肪肝,病牛常有 10~14 天的拒食,精神委靡不振,躺卧,呈胸卧姿势,呼吸加快,鼻镜龟裂,鼻腔分泌物增多,有清水样鼻液;到后期排出腐臭的黄色稀粪,昏迷,在安静状态下死亡。病程 10~14 天,死亡率高。

【防控措施】 本病通常以预防为主。原则是保持妊娠期良好体况,防止过度肥胖。根据干奶牛的体型和膘情,合理分类饲养,建议对妊娠后期母牛分群饲养。肥胖母牛可于产前 20 天在饲料中添加胆碱 50 克/天,直至分娩;也可于产前 3~5 天,静脉注射 25%葡萄糖注射液 1 700~2 000 毫升,直至产犊。

一旦发现病牛,一般情况下治疗效果不令人满意,完全拒食的患牛多数会死亡;对于尚能保持食欲(即使是少量)者,配合支持疗法尚有治愈的希望。补充能量,如 50%葡萄糖注射液 400 毫升静脉注射,需反复注射,配合注射钙制剂,能减轻症状,但其作用时间较短暂。灌服健康牛瘤胃液 5~10 升或喂给健康牛反刍食团;或喂以可口的高能饲料如玉米压片,特别是掺加丙二醇或甘油;或用丙二醇或甘油按每头牛 250 毫升/天,倍水稀释后灌服。后期用胰岛素 200~300 单位皮下注射,2 次/天,可促进糖向外周组织转移。补充多种维生素,多给优质干草和饮水,同时给予含钴盐砖;氯化胆碱,24 克/次,1 次/4 小时,口服或皮下注射。

6. 如何防控铜缺乏症?

铜缺乏症又叫牛舔(盐)病、摔倒病,主要是由于体内铜缺乏或不足,而引起贫血、腹泻、运动失调及被毛褪色为特征的动物营养代谢病。

【发病原因】　铜缺乏症又有原发性和继发性之分。自然条件下,牛多发生于条件性铜缺乏症,本病在我国宁夏、吉林、新疆、内蒙古、福建、江西和浙江等省、区相继报道。本病除冬天发生较少(因所喂精饲料中补充了铜)外,其他季节都可发生。春季,尤其是多雨、潮湿,又施了大量氮肥或掺入一定量钼肥的草场,发生本病比例最高。原发性铜缺乏症主要是因长期饲喂低铜土壤上生长的饲草而发生。一般认为,饲料(干物质)含铜量低于 5 毫克/千克,可引起发病。继发性铜缺乏症主要是由于日粮中含有充足的铜,但动物对铜的吸收受到干扰,主要是饲料中干扰铜吸收利用的物质如钼、硫等含量太多,如采食高钼土壤上生长的植物(或牧草),或采食工矿钼污染的饲草,或饲喂硫酸钠、硫酸铵、蛋氨酸、胱氨酸等含硫过多的物质经过瘤胃微生物作用均转化为硫化物,形成一种难溶解的铜硫钼酸盐复合物($CuMoS_4$),降低了铜的利用,易产生继发性铜缺乏症。除此以外,铜的拮抗因子还有锌、铁、铅、镉、银、镍、锰等。饲料中的植酸盐过高、维生素 C 摄食量过多,都能干扰铜的吸收利用。

【临床症状】

①原发性铜缺乏症　病牛表现精神不振,产奶量减少和贫血。牛缺铜常见眼眶周围褪色,黄毛变灰、变白等。犊牛生长缓慢,腹泻,易骨折,特别是骨盆与四肢骨骼易骨折。驱赶运动时行动不稳,甚至呈犬坐姿势,稍事休息后,则恢复"正常"。有些牛有痒感和舔毛,间歇性腹泻,部分犊牛表现关节肿大,步样强拘,屈肌腱挛缩,行走时呈蹄尖着地,这些症状可以在出生时发生,或于断奶时发生,瘫痪和运动不协调等症状少见。成年牛表现为体质衰弱,产奶量下降,贫血和暂时性不育。

②继发性铜缺乏症　主要症状与原发性缺铜类似,但贫血现

象少见,腹泻现象明显,腹泻严重程度与钼摄入量成正比。

【防控措施】 本病的主要防控措施是加强饲养管理,饲喂全价饲料,防止饲料中微量元素的比例不当及不足。也可以直接补充铜。可在精饲料中按牛需要量补给,或投放含铜盐砖,让牛自由舔食,也可用盐砖让其自由添食。用 EDTA 铜钙、甘氨酸铜与矿物油混合做皮下注射,铜剂量 400 毫克/次,青年牛 4 个月 1 次,成年牛 6 个月 1 次,效果很好。犊牛 6 周龄之后,亦可应用上法预防铜缺乏症。

如果发生了铜的缺乏,可用以下方法进行治疗:一是补铜。犊牛从 2～6 月龄开始,每周补 4 克,成年牛每周补 8 克硫酸铜,连续 3～5 周,间隔 3 个月后重复治疗 1 次。对原发性和继发性铜缺乏症都有较好的效果。二是对症治疗。包括止泻、强心、补液。

7. 如何防控铁缺乏症?

铁缺乏症是指因饲料中缺乏铁或因铁吸收减少或丢失过多引起的,以贫血为特征的营养缺乏病。

【流行病学】 多见于新生犊,主要是对铁的需要量大,贮存量低,供应不足或吸收不足等。完全舍饲并依靠喂给牛奶和代乳品的犊牛,奶中铁含量很少,不能满足其快速生长对铁的需要。犊牛每天从奶中仅获得 2～4 毫克铁,4 月龄内每天需铁约 50 毫克,如不注意在奶中加入可溶性铁强化,可出现贫血。日粮中或机体内缺乏铜、吡哆醇时,使机体对铁的吸收减少、利用率降低,从而引起铁缺乏。另外,饲料中缺铜及蛋白质也可引起铁利用障碍而发生贫血。

【临床症状】 犊牛精神不振,头低耳聋,被毛粗乱,缺乏光泽,生长缓慢。心动急速,可视黏膜苍白,血液稀薄,色淡,血凝缓慢。

【防控措施】 对本病的预防可在犊牛所饮的奶中适当添加硫酸亚铁或舔食含铁盐砖。在 5 千克食盐内加氧化铁 1.2 千克,加硫酸铁 0.5 千克,以及其他适量的舔料制成舔砖,让犊牛自由舔食,达到补铁之效。成年牛发生缺铁后,最经济的方法是每天用 2～4 克硫酸亚铁口服,连续 2 周可取得明显效果。本病治疗主要采取补铁,犊牛缺铁性贫血的治疗,按每千克体重肌内注射右旋糖酐铁 32 毫克,或经口投服,疗效甚好。向饲料中添加硫酸亚铁。用干物质中平均含铁 1 微克/克的牛奶育犊时,可每日向奶中添加铁 45 毫克,直到 9 个月为止。

8. 如何防控硒或维生素 E 缺乏症?

硒和/或维生素 E 缺乏症是指由于饲料硒和/或维生素 E 供给不足或缺乏引起的多种营养障碍性疾病的总称。临床上以运动功能障碍、心脏功能障碍、消化功能紊乱、神经功能紊乱、渗出性素质、繁殖功能障碍为特征。

【发病原因】 硒缺乏症的发生是世界性的,我国是硒缺乏症流行较严重的国家,已查明,我国从东北的黑龙江到西南的云南有一条缺硒带,涉及黑龙江、吉林、辽宁、内蒙古、山西、河北、河南、湖北、陕西、甘肃、四川、云南、西藏等地。此外,山东、江苏、浙江、福建等沿海地区也严重缺硒。饲料或牧草中硒含量不足是动物硒和/或维生素 E 缺乏症的主要原因。原发性硒缺乏主要是饲料或牧草中硒不足,该土壤上种植的植物的含硒量便不能满足机体的需要。土壤硒缺乏是该病呈区域性流行的主要原因。饲料中维生素 E 缺乏是硒和/或维生素 E 缺乏症发生的重要因素。冬季、初春缺乏青绿饲料;幼畜体内蓄积的硒和维生素 E 量有限,且生长发育快,对硒和维生素 E 需求量高;天气寒冷(应激原),动物抵抗力较弱,对硒和维生素 E 的缺乏较敏感,构成动物硒缺乏症呈季节性发生的三大因素。尽管该病常年发生,但 2～5 月份为发病的高峰期。含硫氨基酸缺乏,动物也会出现硒缺乏的状态。饲料中镉、汞、钼、铜等金属与硒之间有拮抗作用,可干扰硒吸收和利用。

妊娠母畜缺硒可引起胎儿先天性硒缺乏症。

【临床症状】　本病的主要临床特点为白肌病,是幼畜的一种以骨骼肌、心肌以及肝组织等发生变性、坏死为主要特征的疾病。在临床上多表现为突然发生运动障碍和急性心力衰竭。病变部位肌肉色淡、苍白,以前称为肌营养不良。根据病程经过,可分为急性、亚急性和慢性3种类型。

①急性型　多见于犊牛。往往不表现症状即突然死亡。

②亚急性型　多见于稍年长的犊牛。病牛精神沉郁,腰背强硬弓起,四肢僵硬,走路摇晃,站立或运动时肌肉震颤,原因不明的跛行。后期起立困难,甚至卧地不起。触诊腰背、臀部肌群坚实、僵硬、疼痛、躲闪。呼吸加快,脉搏细数,呼吸困难,食欲减退或废绝,持续性腹泻,有时有异嗜现象。一般体温无变化,当继发感染时,体温升高。有时在惊吓或剧烈运动时,因心力衰竭而猝死。

③慢性型　多见于4~6月龄犊牛,生长发育明显受阻,典型的病牛表现为运动障碍和心功能不全,并有顽固性腹泻。精神沉郁,喜卧,消化不良,共济失调,站立不稳,步态强拘,肌肉震颤,排尿次数增多。

【防控措施】　对本病的预防主要是加强妊娠母牛和犊牛的饲养管理,冬季增加优质干草的饲喂。具体方法如下:①放牧的牛,定期给含硒盐砖供舔食。将20~30毫克硒加到1千克食盐中制成盐砖。冬、春注射0.1%亚硒酸钠液,10~20毫升/次。同时,应注意整体营养水平,适当补充精料。②舍饲的牛,在每千克配合饲料中添加硒0.2~0.3毫克。③瘤胃投入含硒药丸,每粒含0.25~0.5克硒,一次投入1粒可维持1~4年,在瘤胃内,平均每天可释放1毫克硒,峰期可维持3个月,在12个月内完全可达补硒目的。新西兰、澳大利亚在20世纪70年代研制出了长效硒丸,美国后来也采取了这种办法,我国也已开发出长效硒丸。④注射硒制剂。母牛在配种前用0.1%亚硒酸钠深部肌内注射,30毫克硒;妊娠中期做第二次注射,分娩前 21 天给予第三次注射,剂量与第一次同,可以提高受胎率和胎儿成活率。为防止犊牛发生白肌病,在出生后几周内,给犊牛肌内注射 10 毫克硒。在低硒草地上放牧的犊牛每 2 个月注射 1 次,剂量按 0.1 毫克/千克体重。或每 4 个月注射 1 次,硒的剂量按 0.2 毫克/千克体重。

一旦发生该病,应立即采取如下措施:①加强护理。对卧地不起的病牛要勤翻牛体,多铺垫草,防止褥疮,喂以优质饲料。②及时补硒和维生素 E,成年牛 0.1%亚硒酸钠 15～20 毫升,犊牛 0.1%亚硒酸钠 5 毫升,醋酸生育酚犊牛 0.5～1.5 克/头,肌内注射。每隔 5 天 1 次,共注射 2～3 次。也可在饲料中添加硒和维生素 E。③及时全群预防,立即在全群饲料中添加硒,亚硒酸钠 0.2 毫克/千克饲料,充分拌匀进行饲喂,同时在饲料中添加维生素 E 30 毫克/千克饲料,可以提高硒的治疗效果。④如果出现其他症状时可采取对症治疗,当呼吸困难时可肌内注射氨茶碱;心力衰竭时可用强心剂;并发肺炎时可应用抗生素等。

9. 如何防控维生素 A 缺乏症?

维生素 A 缺乏症是指动物体内维生素 A 或前体胡萝卜素不足或缺乏所引起的以上皮角化障碍、视觉异常、繁殖功能障碍为特征的一种营养代谢病。

【发病原因】　动物机体本身不能够合成维生素 A,机体对维生素 A 的需要必须从饲料中获得。维生素 A 缺乏既有原发性的,也有继发性的。常见的原因如下:①长期饲喂胡萝卜素含量较低的饲草料,如劣质干草、棉籽饼、甜菜渣、谷类(黄玉米除外)及其加工副产品(麦麸、米糠、粕饼片);某些豆料牧草和大豆含有脂肪氧合酶,如不迅速灭活,会使大部分胡萝卜素迅速破坏。②维生素 A 性质较不稳定,在饲料加工、贮存不当时易造成胡萝卜素或维生素 A 破坏。收割的青草经日光长时间照射,或存放过久,陈旧变质可使胡萝卜素的含量降低;预混料存放高温高湿的环境中促使维生素 A 失活;维生素 A 与矿物质一起混合也易引起其活性下降;饲料调制过程中热、压力和湿度也可以影响维生素 A 的活性。③动物对维生素 A 的需要量增加。如高产奶牛的产奶期,在妊娠和哺乳期等。④幼龄动物尚不能采食青绿饲料和动物性饲料,需从母乳中获得维生素 A,而乳中维生素 A 含量不足,或断奶过早。⑤当动物患有肝脏或肠道疾病时,导致对维生素 A 或胡萝卜素吸收障碍。⑥其他因素如中性脂肪、蛋白质、无机磷、钴、锰等缺乏或不足,影响体内胡萝卜素向维生素 A 的转化及维生素 A 吸收和贮存。⑦饲养管理条件不良、畜舍寒冷、潮湿、通风不良、过度拥挤、缺乏运动和光照等应激因素亦可促进本病的发生。

【临床症状】 维生素 A 缺乏时,犊牛可见先天性失明和脑室积水;皮肤上附有大量麸皮样鳞屑,蹄干燥,表面有鳞皮和许多纵向裂纹;视力障碍,表现在弱光下盲目前进,行动迟缓或碰撞障碍物。犊牛最易发生,当其他症状尚不明显时,犊牛即表现出明显的视力障碍,同时也可见角膜增厚及云雾状。干眼病可继发结膜炎、角膜炎、角膜溃疡和穿孔。成年牛会出现繁殖障碍,公牛主要表现精子形状受到影响,精液品质下降,睾丸小于正常。母牛表现为流产、死胎、弱胎、胎儿畸形,易发生胎衣滞留。同时,维生素 A 缺乏可造成中枢神经损害,常见症状有共济失调、痉挛、惊厥、瘫痪等;外周神经损伤引起的运动障碍和肌麻痹;视神经管狭窄引起的失明,犊牛易发。

【防控措施】 对本病的预防主要的措施是在日粮中确保维生素 A 的有效量,注重平时的日常管理,包括饲料的加工、放置时间、位置等。同时,尽量减少维生素 A 与矿物质接触的时间,妊娠、泌乳和处于应激状态下适当提高日粮中维生素 A 的含量。

一旦发现本病,应及时治疗原发病;同时,改善饲养管理条件,调整日粮配方,增加高含量维生素 A 或胡萝卜素的饲料。治疗以补充维生素 A 为主,同时兼顾对症治疗,确保牛的健康。维生素 A 的治疗剂量一般为 440 单位/千克体重,可以根据品种和病情适当增加或减少。

10. 如何防控牛青草搐搦?

青草搐搦又称为泌乳搐搦或麦类牧草中毒,是反刍动物的一种高度致死性疾病。泌乳牛的发病率最高。以血镁浓度下降,常伴有血钙浓度下降为特点。临床上以强直性和阵发性肌肉痉挛、惊厥、呼吸困难和急性死亡为特征。主要发生于泌乳母牛。通常出现在早春放牧开始后的前 2 周内,也见于晚秋季节。施用了氮肥和钾肥的牧草危险性最高。

【发病原因】　本病的发生与血镁浓度降低有直接关系,而血镁浓度降低又与牧草中的镁含量低或存在干扰镁吸收的因素有关。主要原因有:①牧草中的镁含量低。当牧草中镁含量低于 0.2%(干物质)时,在饲喂一段时间后,可引起本病的发生。含镁低的土壤、土壤 pH 值太低或太高都影响植物对镁吸收能力;现代牧草由于大量施用钾肥和氮肥,诱发植物缺镁。②饲料中镁的吸收不良,胃肠道疾病(如腹泻)、胆道疾病也可影响机体对镁的吸收。犊牛常在 2～4 月龄时发病,主要见于慢性腹泻的犊牛和用含镁量低的代乳品饲喂的犊牛。③在寒冷、潮湿、风沙、阳光少等恶劣气候条件下,易诱发本病。

【临床症状】　根据病程可将本病分为最急性型、急性型、亚急性型和慢性型等类型。

①最急性型　常无明显的临床表现而突然死亡。

②急性型　病牛突然停止采食,兴奋不安,耳朵扇动,甩头,吼叫,奔跑,肌肉抽搐,行走时摇晃似醉,最终跌倒。四肢强直,继而呈现阵发性惊厥(搐搦),惊厥时病牛竖耳,牙关紧闭,口吐白沫,眼球震颤,瞳孔散大,瞬膜外露,全身肌肉收缩强而快。病牛体温升

高,呼吸急促,心率增快,心悸,心音增强,甚至在 1 米外可听到亢进的心音。通常于 30～60 分钟内来不及治疗而死亡。

③亚急性型 病程为 3～5 天,病牛食欲减退或废绝,泌乳牛的产奶量下降,病牛常常保持站立姿势,频频眨眼,对响声敏感。行走时步态强拘或呈高跨步,肌肉震颤,后肢和尾轻度僵直。当受到强烈刺激或用针刺病牛时,可引起惊厥。

④慢性型 病牛呆滞,反应迟钝,食欲减退,瘤胃蠕动减弱,泌乳牛的产奶量处于低水平。经数周后,病牛出现步态跛踉,上唇、腹部及四肢肌肉震颤,感觉过敏。后期感觉消失,瘫痪。

⑤犊牛 病初不断扇动耳朵,摇头,头向后仰或低垂。对各种刺激十分敏感,当人接近或抚摸时,出现眼睑颤动,并呈惊恐状。随病情加重,病牛流涎,四肢强直,跌倒,呈现惊厥。

⑥水牛 急性表现兴奋不安,流涎,狂躁,疾走或奔跑;行走时步态蹒跚,跌倒后呈现惊厥,亚急性病例卧地不起,四肢肌肉震颤,颈部呈"S"状弯曲。

【防控措施】 本病的主要防控措施是春、夏季节要合理放牧,尤其是由舍饲转为放牧时,应逐渐过渡,防止突然饱食青草;长时间的放牧要适当补充镁和钙。注意日粮配合,使日粮干物质中镁含量不少于 0.2%。放牧于青草牧地的牛,在出牧之前应给予一定量的干草。过冬的牛群应注意防寒、防风,补充优质的干草。

一旦发现本病,应立即进行治疗,用 15% 硫酸镁注射液 400 毫升皮下注射,同时用钙、镁合剂(250 克硼酸葡萄糖酸钙、50 克硫酸镁,加水 1 000 毫升)缓慢静脉注射,500 毫升,钙、镁制剂同时应用对反刍动物青草搐搦具有良好的治疗效果;并灌服 60～90 克焙烧后的磷镁矿或其他类似物,以恢复肠道的镁水平。对于同群未出现临床症状的,应尽快补给氧化镁或硫酸镁,每次 50～100 克,持续 1～2 周。

11. 如何防控牛血红蛋白尿病?

牛血红蛋白尿病是缺磷等非传染性因素所致的以血管内溶血和血红蛋白尿为特征的一种代谢性疾病。临床表现血红蛋白尿、贫血、低磷血症和黄疸等。我国 1960 年报道了该病,本病的发病率低、呈散发,如不及时抢救,病死率可达 50%,病愈的牛下次产犊后仍可复发。

【发病原因】　本病的病因比较复杂,目前认为主要与以下因素有关:①饲喂低磷饲料,由于妊娠、泌乳等使体内磷的消耗量增加,若此时磷的供应不足就可导致本病的发生。②饲喂某些植物,如甜菜的根和叶、青绿燕麦、埃及三叶草和苜蓿以及十字花科植物等。这些物质会引起血管内溶血。据报道,我国奶牛发病是缺磷和饲喂甜菜过多所致。③铜缺乏,本病的发生也可能与土壤缺铜有关,铜是红细胞正常代谢的必需物质,产后大量泌乳,铜从体内大量丧失,当肝脏的铜储备消耗殆尽时,发生巨红细胞低色素性贫血。④应激是主要诱发因素。在我国华东地区冬季经常发生该病;浙江安吉报道,水牛血红蛋白尿与温热环境有关。另外,分娩、泌乳和高产等也是重要的诱因。

【临床症状】　病牛排尿次数增多,尿液呈酱油色、暗红色乃至黑色,均匀透明,镜检见不到红细胞。轻症的多在分娩后 2～4 周内突然排出赤褐色或咖啡色的泡沫状血红蛋白尿,同时食欲减少,产奶量降低。随着病情的发展,出现心脏功能不全,如脉搏增数、呼吸促迫等;可视黏膜发绀,短时间内伴发黄染(黄疸);反刍、嗳气功能紊乱,瘤胃蠕动减弱;全身性消瘦、虚弱,体温一般无明显变化。重症病例上述症状进一步加剧,可视黏膜明显苍白并黄染,乳房和四肢末端、耳尖等部位冰凉,呼吸浅表、快速,步态不稳,泌乳明显减少,多数病牛体温降低,粪便干燥、量少。如不及时治疗,病牛迅速虚脱、卧地不起、衰竭,在 3～5 天内死亡。

　　【防控措施】　本病的主要防控措施为加强饲养管理,合理搭配饲料,避免大量采食含磷低的饲料。限制过多饲喂十字花科植物如甜菜、油菜、甘蓝等含磷少的饲料。有条件的可将这些饲料青贮,以减少其中皂苷的含量,同时补给含磷高的饲料,如麸皮、米糠、骨粉等,特别是在泌乳和产犊前后,更需注意。

　　一旦发生本病,应立即对症治疗,在去除致病因素的前提下,提高血磷浓度。应用磷制剂有良好的效果,常用的磷制剂主要是20％磷酸二氢钠注射液,使用剂量为母牛产后用300毫升,水牛血红蛋白尿用300～500毫升,静脉注射,以后隔12小时皮下注射1次。一般在注射1～2次后血尿消失,重症可连续治疗2～3次;也可静脉注射30％磷酸钙注射液1 000毫升,效果良好。此外,还应补充维生素A和复合维生素B,特别是与造血有关的叶酸、维生素B$_{12}$等。对于重症病例,采用输血疗法是最有效措施,对重度贫血的病牛要迅速输血,有条件的可采用少量多次输血。为了补充血容量及保证能量供应,应用复方氯化钠注射液、5％葡萄糖、葡萄糖生理盐水等静脉注射,剂量为5 000～8 000毫升,同时口服造血物质铁、铜、钴等。

第六章　常见牛中毒性群发病的防控

1. 如何防控亚硝酸盐中毒？

硝酸盐中毒，俗称"饱潲病"、烂菜叶中毒等，是动物一次性食入大量硝酸盐制剂引起的胃肠道炎症性疾病。临床上以呼吸困难，黏膜发绀，血液褐变，痉挛抽搐为特征。

【发病原因】　一些富含硝酸盐的饲料，如白菜、油菜、甜菜、萝卜、甘薯藤、燕麦秸、玉米秸、苜蓿等青绿植物，经日晒雨淋、堆垛存放而发热或腐败变质，以及用温水浸泡、文火焖煮或长久加盖保温时，饲料中硝酸盐均易转化为亚硝酸盐。如果一次性食入过多则易造成中毒。也有饲养管理不慎者，误将工业用硝酸盐混入饲料中；或饮用硝酸盐含量高的饮水如施氮肥地的田水，厩舍、厕所、垃圾堆附近的地面水等。

【临床症状】　亚硝酸盐中毒多为急性中毒。通常在食入亚硝酸盐 $0.5 \sim 1$ 小时发病，而食入硝酸盐或含硝酸盐饲料一般 5 小时左右才出现中毒症状，病程可延续 $12 \sim 24$ 小时。病牛主要表现为流涎，呕吐，腹泻及腹痛，可视黏膜发绀，呼吸极度困难，心跳急速，血液呈咖啡色或酱油色，耳、鼻、四肢及全身发凉，站立不稳，肌肉震颤，步态摇晃。严重者很快昏迷倒地，痉挛窒息死亡。

【防控措施】　对本病的防控应采取加强饲养管理，避免一次食入过多变质青绿饲料。具体措施如下：①青绿菜类饲料切忌堆积放置而发热变质，使亚硝酸盐含量增加，应采取青贮方法或摊开敞放以减少亚硝酸盐含量。②牛可能接触或不得不饲喂含硝酸盐较高饲料时，要在饲料中加碳水化合物。

一旦发生本病，可用以下方法进行治疗：①利用特效解毒药美蓝和甲苯胺蓝,同时应用维生素 C 和高渗葡糖糖进行紧急治疗。1%美蓝溶液(取美蓝 1 克先用 10 毫升酒精溶解后,加灭菌生理盐水至 100 毫升,即得),8 毫克/千克体重,静脉或深部肌内注射。重度中毒剂量加大。5%甲苯胺蓝溶液,5 毫克/千克体重,静脉、肌内或腹腔注射,其还原变性血红蛋白的速度比美蓝快 37%。②中毒不太严重者,可用 5%维生素 C 注射液,5～10 克,肌内或腹腔注射,或溶于 25%葡萄糖注射液中静脉注射。维生素 C 是一种很好的还原剂。25%～50%葡萄糖注射液按 1～2 毫升/千克体重,静脉注射。若以上药物解毒治疗用药后,发绀不退或再度出现,隔 1～2 小时后重复应用。③在用药物治疗的同时应配合以催吐、下泻、促进胃肠蠕动和灌肠等排毒治疗措施。也可向瘤胃内投入抗生素和大量饮水。对重症病牛还应采用强心、补液和兴奋中枢神经等支持疗法。

2. 如何防控棉籽饼中毒?

棉籽饼粕中毒是因过量饲喂或长期连续饲喂棉籽饼,而其中有毒物质棉酚含量超过规定标准而引起的中毒病。临床上以出血性胃肠炎、全身水肿、血红蛋白尿、肺水肿、视力障碍等为特征。

【发病原因】 本病的发生主要是有长期饲喂棉籽饼的历史。棉籽饼富含蛋白质,是优质蛋白质饲料,但其中的毒素棉酚性质特别稳定,不易被破坏,同时在动物体内代谢较慢,有蓄积能力,动物长期大量食用易造成毒素蓄积而发病。而犊牛的中毒一般是由母牛通过乳汁而发生,影响犊牛的正常发育,甚至发病、死亡。也有人认为饲料中缺乏钙、铁和维生素 A 时,会促进中毒的发生;日粮中缺乏蛋白质,或青绿饲料不足,或过度劳役时亦增加动物的敏感性。

【临床症状】 本病的主要症状是食欲下降,反刍减少或停止;前胃弛缓、虚弱,呼吸困难,心功能异常,对应激敏感;病情严重者会发生视力障碍。犊牛主要表现为:食欲降低,精神委靡,体弱消瘦贫血,行动迟缓乏力,胃肠发炎,腹泻,黄疸;呼吸急促,流鼻液,肺部听诊有明显的湿啰音;视力障碍,生长发育受阻,重者呈现类似佝偻病的症状;哺乳犊牛还出现明显痉挛、失明流泪、不断鸣叫等。成年牛主要表现为:食欲明显下降,反刍稀少或废绝,前胃迟缓,腹痛,严重时腹泻,排出恶臭、稀薄的粪便,并混有黏液和血液甚至脱落的肠黏膜;体温不高或升高,心率加快,心悸亢进,呼吸促迫,初期兴奋不安,后期精神沉郁或昏迷,肌肉无力,共济失调,时常跌倒,倒地抽搐。下颌间隙、颈部肉垂及胸腹下、四肢下部常出现水肿,严重时全身性水肿;后期表现呼吸急促或困难,咳嗽,流泡沫性鼻液,可视黏膜发绀,共济失调,直至卧地抽搐;排尿次数增多,并带痛,尿浑浊,部分牛可发生血红蛋白尿或血尿,公牛易出现尿结石症,妊娠母牛流产。最终因心力衰竭而死亡。

【防控措施】　本病尚无特效解毒药,重在预防。一旦发病,只能采用一般解毒措施,进行对症治疗:①立即停喂含有棉籽饼的日粮,禁止在棉地放牧,给予青绿多汁饲料或优质青干草补饲,必要时补充维生素 A 和钙制剂,充足饮水。增加日粮中蛋白质、维生素、矿物质、青绿饲料,可预防中毒的发生。②排除胃肠内容物,洗胃或灌肠。0.1%～0.3%过氧化氢溶液或高锰酸钾溶液,3%～5%碳酸氢钠溶液洗胃或灌肠。内服泻剂(胃肠炎不严重时),硫酸镁或硫酸钠 1 克/千克体重,配成 8%水溶液,内服。③口服铁制剂进行解毒。硫酸亚铁,7～15 克,一次口服。④对症治疗,保肝解毒、强心、制止渗出。50%高渗葡萄糖注射液 300～500 毫升,10%葡萄糖氯化钙注射液或 10%葡萄糖酸钙注射液 100～200 毫升,复方氯化钠注射液 100～200 毫升,一次静脉注射。也可配以维生素 C、维生素 D 及维生素 A 等。

3. 如何防控菜子饼中毒?

菜子饼粕中毒是由于动物采食过量菜子饼或菜子饼饲喂时间

过长而引起的中毒病。通常表现胃肠炎、肺气肿和肺水肿、肾炎等临床综合征。

【发病原因】 菜子饼富含蛋白质而且氨基酸比较全面,是一种良好的节粮性高蛋白饲料。但菜子饼和油菜均含有毒物质,使用不当容易导致动物中毒。菜子饼未做去毒或减毒处理,一次饲喂量过大或长期连续饲喂,可造成中毒。采食多量鲜油菜或芥菜,尤其是开花结籽期的油菜或芥菜,易引起中毒。

【临床症状】 菜子饼与油菜中毒一般表现为 5 种类型,消化型、呼吸型、泌尿型、神经型、抗甲状腺素型。

①消化型 精神委顿,食欲减退或废绝,流涎,反刍停止,瘤胃蠕动减弱或停止,腹痛、腹胀,明显便秘或腹泻,严重者粪便中带血。

②呼吸型 呼吸加快或困难,时伴发痉挛性咳嗽,鼻腔往往流出泡沫状液体。

③泌尿型 表现排尿次数增多、血红蛋白尿、泡沫尿和贫血等溶血性贫血特征。

④神经型 以失明、狂躁不安等神经症状为特征。神经系统兴奋,后期目盲(视觉障碍),倦怠无力,全身衰弱,体温下降,心脏衰弱,往往因虚脱而死。

⑤抗甲状腺素型 幼龄动物生长缓慢,发育不良,甲状腺肿大。妊娠母畜妊娠期延长,所生仔畜脖子粗大、秃毛、死亡率升高。

【防控措施】 本病目前尚无特效解毒药物,多采用对症治疗。主要采取预防手段,防止牛大量食入菜子饼,或去除菜子的毒性,常用的去毒方法有:①碱处理法。用 15％石灰水(或碳酸钠)喷洒浸湿粉碎的菜子饼,闷盖 3～5 小时,再笼蒸 40～50 分钟,然后取出炒散或晾散风干,此法可去毒 85％～95％。②坑埋法。将菜子饼按 1∶1 比例加水泡软后,置入深宽相等、大小不定的干燥土坑中,再盖以干草并覆盖适量干土,待 30～60 天后取出饲喂或晒干贮存。此法可去毒 70％～98％。③水浸蒸煮法。用温水浸泡粉碎菜子饼一昼夜,过滤再加清水蒸煮 1 小时以上,并经常搅拌,则可去毒。④培育"双低"(低异硫氰酸丙烯酯、低硫葡萄糖苷)油菜品种。

　　一旦发生本病,以对症治疗为主。主要方法有:①立即停喂可疑饲料,尽早应用催吐、洗胃和泻下等排毒措施。用液状石蜡泻下,或用硫酸钠 35~50 克,碳酸氢钠(小苏打)5~8 克,鱼石脂 1克,水 10 毫升,一次灌服。中毒初期,已出现腹泻时,用 2%鞣酸洗胃,内服牛奶、蛋清或面粉糊以保护胃肠黏膜。②甘草煎汁加食醋内服有一定解毒效果,甘草 200~300 克,醋 500~1 000 毫升。甘草煎汁后与醋混合一次灌服。③对肺水肿和肺气肿病例,可试用抗组胺药物和肾上腺皮质类固醇,如盐酸苯海拉明和地塞米松等肌内注射。④对牛溶血性贫血型病例应及早输血、补充铁制剂,以尽快恢复血容量。若病牛为产后伴有低磷酸盐血症,可同时用20%磷酸二氢钠注射液,或用含 3%次磷酸钙的 10%葡萄糖注射液 1 000 毫升,静脉注射,每日 1 次,连续 3~4 天。⑤对严重的中毒病例,采取包括强心、利尿、保肝、补液、平衡电解质等对症治疗措施。

4. 如何防控有机磷农药中毒?

　　该病是由牛接触或食入有机磷农药引起的一种中毒病。有机磷农药是磷和有机化合物合成的一类农用杀虫剂的总称。

　　【发病原因】　在我国目前较为常用的农药制剂:剧毒类有对硫磷、内吸磷、甲基对硫磷、甲拌磷等。

　　强毒类有敌敌畏、乐果、甲基内吸磷、杀螟松等。弱毒类有敌百虫、马拉硫磷等。牛由于接触、吸入或采食某种有机磷制剂而导致中毒。主要是由于饲养管理不当造成的,如在保管、购销或运输中对包装破损未加安全处理,或对农药和饲料未加严格分隔贮存,致使毒物散落;通过运输工具和农具间接沾染饲料,如误用盛装过农药的容器盛装饲料或饮水,以致家畜中毒;或误饲喷洒有机磷农药后,尚未超过危险期的田间杂草、牧草、农作物以及蔬菜等发生中毒;或误用拌过有机磷农药的谷物种子造成中毒;或当喷洒农药时,在用药区的下风或水渠的下游地带,由于飞散的药粉或飞溅的药液污染牧草或饮水发生中毒。不正规地使用农药驱除体内外寄生虫等发生中毒。也有人为投毒破坏的可能。

【临床症状】 有机磷农药中毒时,因制剂的化学特性、病畜的种类,以及造成中毒的具体情况等不同,其所表现的症状及程度差异极大,但基本上都表现有过度兴奋现象。临床上具体表现为食欲不振,流涎,呕吐,腹泻,腹痛,多汗,尿失禁,瞳孔缩小,可视黏膜苍白,呼吸困难,支气管分泌增多,肺水肿等。肌纤维性震颤,血压上升,肌紧张度减退(特别是呼吸肌),脉搏频数。兴奋不安,体温升高,搐搦,甚至陷于昏睡等。当然,并非所有病例都明显表现上述症状,不同种类的病畜,会有不同症状表现。呼吸困难明显时,病牛痛苦呻吟,出现眼球震颤,流涎、口吐白沫,四肢末端厥冷,亦可能出冷汗。病情恶化后,则陷于麻痹,由于呼吸肌的麻痹,导致窒息而死亡。

【防控措施】 本病的防控主要是做好农药的运送、保存、管理等。首先是健全对农药的购销、保管和使用制度,落实专人负责,严防坏人破坏。开展经常性的宣传工作,普及和深化有关使用农药和预防家畜中毒的知识,以推动群众性的预防工作。由专人统一安排施用农药和收获饲料,避免互相影响。对于使用农药驱除家畜体内外寄生虫,也可由兽医人员负责,定期组织进行,以防意外的中毒事故。

一旦发现本病,应采取以下措施进行紧急处理:①找准病因,特效治疗。常用的药物有:解磷定、氯磷定,其用量用法为 15 毫克/千克体重,用生理盐水配制成 5% 溶液,缓缓静脉注射,以后每隔 2 小时注射 1 次,剂量减半。如果症状不见减轻,可在 48 小时内重复注射。②阿托品结合解磷定的综合疗法。常用的胆碱酯酶复活剂有解磷定、氯磷定、双复磷等。通用的阿托品治疗剂量为：牛 10～50 毫克。同时，密切注意病牛反应，当出现瞳孔散大，停止流涎或出汗，脉数加速等现象时，即不再加药，而按正常的每隔4～5 小时给以维持量，持续 1～2 天，以巩固疗效。解磷定的剂量为20～50 毫克/千克体重，溶于葡萄糖注射液或生理盐水 100 毫升中，静脉、皮下或腹腔注射。对于严重的中毒病例，应适当加大剂量，给药次数可同阿托品一致。③对于危重病例，应对症采用辅助疗法，以消除肺水肿，兴奋呼吸中枢，输入高渗葡萄糖注射液等，有助于提高疗效。而在治愈后的一定时期内仍应避免再度接触有机磷农药，以利于恢复。

5. 如何防控有机氟农药中毒？

有机氟中毒是指误食氟乙酰胺、氟乙酸钠等引起的中毒。临床上以发生呼吸困难、口吐白沫、兴奋不安为特征。

【发病原因】　目前，有机氟化物中毒，以畜禽误食（饮）被氟乙酰胺处理或污染了的植物、种子、饲料、毒饵、饮水而中毒的较为多见。氟乙酰胺又称灭鼠灵、三步倒或敌蚜胺，白色针状结晶，无臭无味，易溶于水，水溶液无色透明，化学性质稳定。由于氟乙酰胺在体内代谢、分解和排泄较慢，易在体内蓄积而发生中毒。同时，牛长期饮用含氟量高的水或长期饲喂沾染无机氟的牧草或混有无机氟的饲料也可导致中毒。

【临床症状】　急性中毒，病牛食入毒物后的潜伏期为 0.5～2 小时，一旦出现症状，即迅速发展。中毒初期，精神沉郁，食欲废绝，反刍停止，流涎，呕吐，腹泻，黏膜发绀。随后出现肌肉颤动，肢端发凉，呼吸促迫，瞳孔散大，感觉过敏；死前惊恐，鸣叫，突然倒地，全身震颤，四肢划动。

慢性中毒牛表现食欲降低，生长缓慢，营养不良，被毛粗乱，不反刍,不合群,单独依墙而立或卧地,有的可逐渐康复,有的以后在轻度劳役或外因刺激下突然发作,呈惊恐、狂躁、尖叫,在抽搐中猝死于心力衰竭和呼吸抑制。

【防控措施】 本病以加强饲养管理为主,防止家畜接触到含氟有机农药:①禁止饲喂用有机氟化合物喷洒过的植物及被污染的饲草、饲料。施用过有机氟化合物的农作物,从施药至收割期必须经 60 天以上的残毒排出时间,方能作饲料用,否则容易发生中毒。②用以防治农林蚜虫和草原鼠害时,严禁污染水源。③作为灭鼠的诱饵应妥善放置,对毒死的鼠类尸体要深埋,严禁家畜误食。

一旦发生本病,应采取以下措施进行治疗:①立即查明原因,防止继续接触,可更换可疑的饲料和饮水。②经皮肤中毒者,立即用清水洗涤。经口服中毒者,先用 1:5 000 高锰酸钾溶液或石灰水洗胃,然后服蛋清或氢氧化铝胶,以保护胃黏膜,最后用硫酸钠导泻。③立即肌内注射解氟灵(50% 乙酰胺),剂量为每日 0.1~0.3 克/千克体重,以 0.5% 普鲁卡因液稀释,分 2~4 次注射,首次用量要达到每日用药量的 1/2,连续用药 3~7 天。若没有解氟灵,亦可用乙二醇乙酸酯(醋精)100 毫升溶于 500 毫升水中饮服或灌服;或用 95% 酒精和 5% 醋酸各 2 毫升/千克体重,内服。④进行强心、补液、镇静、兴奋呼吸中枢等对症治疗。镇静用氯丙嗪、水合氯醛;解除呼吸抑制,可用尼可刹米;解除肌肉痉挛,可静脉注射葡萄糖酸钙、枸橼酸钙或高浓度葡萄糖注射液;控制脑水肿可静脉注射 20% 甘露醇注射液(或 25% 山梨醇注射液)。必须注意氟乙酰胺中毒病牛的心脏常遭受损害,静脉注射必须十分缓慢,若大量、快速输入,常加速病牛死亡。

6. 如何防控尿素中毒?

尿素又称碳酰二胺,尿素和铵盐可作为蛋白质补充饲料加入日粮中,饲喂牛、羊等反刍动物,但如饲喂量过大或饲喂方法不当,易引起中毒。因此,尿素中毒是指牛突然采食、误食大量尿素或补饲尿素方法不当所引起的中毒性疾病。

【发病原因】　本病的发生主要是由于补饲不当或误食多量尿素所导致。①突然饲喂导致中毒,饲喂尿素的肥育牛如不经过一个逐渐增量的过程,初次就突然按定量喂给,是引起中毒的最常见的原因。母牛首次饲喂尿素 100 克以上就会发生中毒;但在逐渐增量的情况下,成年公牛可每天饲喂多达 400 克。②用量过大导致中毒,在饲喂尿素的过程中,不按规定控制用量,或添加的尿素同饲料混合不匀,或将尿素溶于水而大量饲喂,均可引起中毒。③对尿素管理不当。将尿素堆放在饲料的近旁,导致发生误用(如误认为食盐)或被牛误食。④补饲尿素的同时饲喂富含脲酶的大豆饼或蚕豆饼等饲料,可增加中毒的危险性。

【临床症状】　牛过量采食尿素后 20～30 分钟即可能发病。开始时呈现不安,呻吟,流涎,肌肉震颤,体躯摇晃和步态不稳等;继则反复发作痉挛,同时呼吸困难,口、鼻流出泡沫状液体;末期则显著出汗,瞳孔散大,肛门松弛。急性中毒病例,病程仅 1～2 小时以内即窒息死亡。如延长至 1 天左右,可能发生后躯不全麻痹,卧地不起,四肢发僵,发生褥疮。

【防控措施】　本病的预防以正确掌握尿素饲喂量,严格化肥保管制度为主。妥善保管饲料,防止牛误食。用尿素补饲开始用量要小,逐渐增加到规定的用量。若中断后再次补饲,仍应从低剂量开始,不要与富含脲酶的豆饼类饲料同喂。尿素不宜溶水饮用,应与饲料拌匀,同时给予富含碳水化合物的饲料,以保证瘤胃微生物生命活动的需要。喂后 2 小时内不能饮水。犊牛不宜使用尿素。

目前对本病的治疗尚无特效疗法,一旦发生本病,则以对症治疗为主。主要采取灌服大量的食醋或稀醋酸等弱酸类,以抑制瘤胃中脲酶的活力,并中和尿素的分解产物氨,减少氨的吸收。给成年牛灌服1‰醋酸溶液1升,糖0.5～1千克和水1升,可获得满意效果。此外,可试用硫代硫酸钠溶液静脉注射,作为解毒剂,同时对症应用葡萄糖酸钙注射液、高渗葡萄糖注射液、水合氯醛以及瘤胃制酵剂等,可提高疗效。

7. 如何防控马铃薯中毒?

马铃薯(土豆)中毒是动物采食了大量马铃薯块根、幼芽及其茎叶或腐烂的块茎,由于其中含有马铃薯素(龙葵素)所引起的中毒。临床上以消化功能和神经功能紊乱、皮疹为主要特征。此外,马铃薯茎叶所含硝酸盐和霉败马铃薯的腐败素也可引起亚硝酸盐和霉败素中毒。

【发病原因】 本病的发生主要是采食大量的贮存过久,特别是发芽的,或腐烂的,或阳光照射下变绿的马铃薯所致。或采食大量由开花到结有绿果的马铃薯茎叶。

【临床症状】 中毒较轻的病牛主要表现为流涎、呕吐、腹胀、腹痛、腹泻、便血,口唇周围、肛门、阴道、乳房、四肢等部皮肤发生湿疹或水疱性皮炎。严重中毒者主要表现为神经紊乱的症状。初期兴奋不安,烦躁或狂暴,伴腹痛与呕吐。很快进入抑制状态,精神沉郁或呆滞,后肢软弱无力,共济失调,有的四肢麻痹,卧地不起。呼吸微弱,次数减少,黏膜发绀,瞳孔散大,最后因呼吸麻痹而死亡。

【防控措施】 本病的预防主要是加强饲养管理,避免牛偷食大量的马铃薯;同时不喂已发芽或腐烂的马铃薯;在饲喂马铃薯时,不可单一饲喂,应搭配其他饲料,用量控制在日粮的50%以内。

一旦发生本病,主要采取一般排毒解毒法和对症疗法进行处理,尚无特效解毒药。①立即停止喂马铃薯,更换优质饲料。排出胃肠内的毒物,采取洗胃、催吐与泻下疗法,可用 0.1% 高锰酸钾液或 0.5% 鞣酸液洗胃;然后灌服盐类或油类泻剂。②对于多日或较长时间连续蓄积性中毒者,只能采取一般解毒或对症治疗。可用葡萄糖和维生素 C。③对症治疗,保肝解毒,强心利尿,可用高渗糖、强心剂、利尿剂;兴奋不安时,可用镇静剂;发生皮炎时可按一般湿疹进行治疗。

8. 如何防控霉稻草中毒?

霉稻草中毒,又称"烂蹄坏尾病",也有称之为牛"蹄腿肿烂病"。是由于长期饲喂霉稻草引起的一种真菌毒素中毒病。临床上以蹄冠部呈现肿胀、破溃、耳炎和尾端不同程度的坏死为特征。

【发病原因】 本病主要发生在冬季,从 10 月中旬开始散发,11~12 月份及翌年 1~2 月份发病率高,3、4 月份以后,改喂青草自行停止。多数学者认为,丁烯酸内脂是牛霉稻草中毒的致病真菌毒素。现已证明有 10 余种镰刀菌可产生丁烯酸内脂,其中弯角镰刀菌、木贼镰刀菌和半裸镰刀菌为主要产毒菌。当牛吃了含这三种真菌的霉稻草之后,则可引起中毒。霉稻草中毒的原因除了丁烯酸内脂之外,还应考虑霉稻草中其他有害物质的协同作用及冷环境对本病的诱发作用。

【临床症状】 有连续饲喂霉稻草史。病初步态僵硬,后肢更明显,站立时患肢间歇性提举,一肢或数肢的蹄冠部肿胀、增温,数日后凹部皮肤横行裂纹疼痛,肿胀蔓延至腕关节或跗关节,明显跛行。继之,肿胀部皮肤变凉、无痛,表面渗出黄白色或黄红色液体,患部被毛脱落。随着病情发展,肿胀部皮肤破溃、出血、化脓、坏死。创面久不愈合,腥臭难闻,最终导致蹄匣或指(趾)关节脱落。有的肿胀消退后,皮肤呈干性坏疽。多数病牛的耳尖和尾端有不同程度的坏死。耳尖、耳缘变硬,呈暗褐色,尾端硬固、脱毛、坏死、逐节脱落。

【防控措施】 本病预防的根本措施在于防止稻草发霉,在收稻季节必须及时晒好、贮存好稻草。已发霉稻草严禁喂牛。

本病目前无特效疗法。立即停喂霉稻草。加强护理,做到圈舍防寒保暖,对患部进行热敷、涂擦樟脑软膏。局部溃烂、继发感染时,进行外科处理,溃疡面涂布红霉素软膏或龙胆紫等,同时应用抗生素或磺胺类药物。对重症病牛应进行强心、补液、解毒疗法,可静脉注射高渗葡萄糖、糖盐水、葡萄糖酸钙、氢化可的松、维生素 C 等。

9. 如何防控食盐中毒?

食盐中毒是动物因食入过量的食盐,同时饮水又受限制时所产生的以消化功能紊乱和明显的神经症状为特征的中毒现象。

【发病原因】 ①在饲料中添加过量的食盐导致中毒是最为直接的中毒原因。②用食盐等灌服作缓泻或健胃,剂量、浓度过大且给水不足;饲料添加食盐时计算或称量错误或混合不匀等;偶尔发生于静脉注射时氯化钠浓度配制错误。③对长期缺盐饲养的牛突然加喂食盐,特别是喂用含盐饮水,未加限制时,极易发生异常大量采食的情况。④饮水不足,可促使本病发生。

【临床症状】 牛中毒时呈现食欲减退甚至废绝,呕吐,烦渴,腹痛和腹泻,粪便混有黏液或血液,视觉障碍,最急性者可在 24 小时内发生麻痹,球节挛缩,很快死亡。病程较长者,可出现皮下水肿,顽固性消化障碍,并常见多尿、鼻漏、失明、惊厥发作,或呈部分麻痹等神经症状。

【防控措施】 本病的防控主要采取控制食盐饲喂量。一旦发生本病,则无特效解毒药。治疗要点是促进食盐排出,恢复阳离子平衡和对症治疗:①发现中毒,立即停喂食盐。对尚未出现神经症状的病畜给予少量多次的新鲜饮水,以利于血液中的盐经尿排出;已出现神经症状的病畜,应严格限制饮水,以防加重脑水肿。②可静脉注射 5％葡萄糖酸钙注射液 200～400 毫升或 10％氯化钙注射液 100～200 毫升。③缓解脑水肿，降低颅内压，可静注 25％山梨醇注射液或高渗葡萄糖注射液。④对症治疗，促进毒物排除，可用利尿剂（如双氢克尿塞）和油类泻剂。缓解兴奋和痉挛发作，可用硫酸镁、溴化物（钙或钾）等镇静解痉药，或用盐酸氯丙嗪肌内注射。

10. 如何防控毒鼠强中毒？

毒鼠强又称"没鼠命"、"特效灭鼠灵"，属脲胺嘧啶类速效剧毒杀鼠剂。牛误食混有此药物的料饵或饮水可导致中毒。

【发病原因】　本病发生的常见原因是误食或误饮了混有毒鼠强的料饵或饲料、饮水导致中毒，也有可能是人为投毒。

【临床症状】　牛在摄入毫克级的毒鼠强中毒后，神经中毒，突发呕吐、兴奋跳动，惊叫，抽搐，四肢强直。阵发性抽搐，每次持续 2～5 分钟，直至呼吸停止，迅速死亡。大剂量时中毒牛 3 分钟内死亡。小剂量中毒后病初精神沉郁，食欲减少或废绝，体温正常，脉搏和呼吸数增加，肠蠕动音增加，不断排出少量带血粪便。唇、齿龈和舌背黏膜有出血斑点。两后肢运动不灵活，肘部及股部肌肉震颤。血液鲜红色，稀薄，凝固不良。后期站立不稳或卧地不起，从鼻孔、肛门流出粉红色液体，全身肌肉震颤，呼吸困难，心跳疾速。

【防控措施】　本病现在尚无特效解毒药。及时采用强心补液、常规解毒等措施。以预防为主，加强饲养管理，尤其是对鼠药的管理。同时，严防有人投毒。

一旦发现本病，应立即停喂可疑饲料，清除毒饵，并使病牛保持安静，避免受伤出血。肌内注射维生素 K 制剂，可取得良好疗效。维生素 $K_3$100～300 毫克/次，2 次/天，直至病牛痊愈。病情严重者，可同时给予维生素 C 注射液 60～80 毫升，25％葡萄糖注射液 500～1 000 毫升，氢化可的松注射液 40～100 毫升，一次静脉注射，效果更好。

11. 如何防控氢氰酸中毒？

氢氰酸中毒是由于动物采食富含氰苷的植物如高粱幼苗、玉米幼苗等，或误食氰化物使组织呼吸发生障碍的一种急性中毒病。临床上以高度呼吸困难，黏膜鲜红，血液呈樱桃红色，肌肉震颤，全身抽搐，惊厥等组织中毒性缺氧症为特征。

【发病原因】 ①采食富含氰苷的植物或饲料，是动物氢氰酸中毒的主要原因。富含氰苷的植物主要有高粱及玉米的新鲜幼苗、亚麻籽或亚麻籽饼、木薯等，若采食过量或加工处理不当，常发生中毒。许多野生或种植的青草、苏丹草（苏丹高粱）、三叶草（特别是白三叶草）、约翰草、甘蔗苗等含氰苷，桃、李、梅、杏、枇杷、樱桃等的叶和果实中也含有氰苷。②误饮冶金、电镀、化纤、染料、塑料等工业排放的废水或工艺用品（氰酸钾铅），误食或吸入氰化物农药如钙腈酰胺等，或人为投毒等均可引起中毒。

【临床症状】 动物在采食富含氰苷植物过程中或采食后10～30 分钟突然起病。严重中毒者在数分钟至 2 小时内死亡。若采食氰化物者，最快 3～5 分钟即可造成死亡。初期有短暂兴奋表现，烦躁不安，肌肉震颤，站立不稳，口流白色泡沫样唾液，黏膜潮红，呈玫瑰红色甚至鲜红色，呼吸极度困难，抬头伸颈，张口呼吸，静脉血呈鲜红色，但后期由于呼吸麻痹血色变暗。肌肉震颤、痉挛，甚至发展为全身抽搐，全身或局部出汗，体温正常或低下。后期则昏迷，体温下降，全身极度衰弱，站立不稳，很快倒地。脉细弱疾速，瞳孔散大，眼球突出、震颤，反射减弱或消失，1～2 小时内死于窒息。

【防控措施】 对本病的预防应做到以下两点：一是尽量限用或不用氢氰酸含量高的植物喂牛。严禁在含氰苷植物区放牧动物。加强农药管理,严防误食。二是如果仍然饲喂含有氢氰酸的植物时,可进行一定的处理。如对青菜、叶类可蒸煮后加醋以减少所含毒素;木薯、豆类饲料在饲用前,须用流水或池水浸渍、漂洗1天以上;或者边煮边搅拌至熟后利用;亚麻籽饼应粉碎后干喂,且量不宜过多,喂后不宜立即大量饮温水;或者敞盖搅拌煮熟10分钟后现煮现喂,避免较长时间的浸泡软化使氢氰酸产生过多。

一旦发生本病,可用以下方法进行紧急治疗。立即应用特效解毒药,亚硝酸钠—硫代硫酸钠联合疗法或大剂量美蓝—硫代硫酸钠联合疗法。及时排除胃内容物,降低毒素的吸收。①亚硝酸钠—硫代硫酸钠联合疗法。按10毫克/千克体重的亚硝酸钠溶解于5%葡萄糖注射液,配制成1%注射液静脉注射。数分钟后,用5%硫代硫酸钠注射液50~100毫克/千克体重(1~2毫升/千克体重)静脉注射,1小时后可重复应用1次。②大剂量美蓝—硫代硫酸钠联合疗法。1%美蓝注射液,剂量为10~20毫克/千克体重,静脉注射。数分钟后,按上述方法应用硫代硫酸钠。③及时进行胃排空,可选用或合用催吐、洗胃和口服中和、吸附剂。初期应及时用0.1%高锰酸钾溶液或3%过氧化氢洗胃,再内服10%亚硫酸铁80~100毫升。④对症治疗,可根据循环系统与呼吸功能状态,进行兴奋呼吸(尼可刹米)、强心(樟脑、安钠咖);注射升血压药(肾上腺素)治疗低血压;静脉注射大剂量的葡萄糖注射液。

12. 如何防控酒糟中毒?

酒糟中毒是牛在长期采食或突然大量采食鲜酒糟或酸败酒糟后所引起的中毒病。

【发病原因】　酒糟是酿酒工业在蒸馏提酒后的残渣。新鲜酒糟除含有蛋白质和脂肪外,还有促进食欲、利于消化等作用,常用作畜禽的一种补充饲料,尤其是酒厂附近的养殖户常把它用来喂牛。但酒糟中含有乙醇、甲醇、杂醇油、醛类、酸类等有害或有毒物质。如果突然饲喂或偷食大量的酒糟;或长期饲喂多量酒糟,而其他饲料缺乏;以及饲喂严重霉败变质的酒糟等,就会发生中毒现象。

【临床症状】 本病的临床症状与酒糟食入量及毒素情况有关。如果是急性中毒,主要是由突然大量饲喂酒糟引起急性中毒。病牛开始呈现兴奋不安,心动亢进,呼吸急促,随后呈现腹痛、腹泻等胃肠炎症状;步态不稳,四肢麻痹,卧地不起,最后体温降低,可由于呼吸中枢麻痹而死亡。如果长期饲喂多量酒糟,往往引起慢性中毒。表现长期消化功能紊乱,便秘或腹泻,并有黄疸、时有血尿、结膜炎、视力减退甚至失明,出现皮疹和皮炎。由于大量的酸性产物进入机体,当矿物质供给不足时,可导致缺钙并出现骨质软化等缺钙现象,母牛不孕,妊娠母牛流产。

【防控措施】 对本病的预防主要采取以下措施:①加强饲养管理,注意掌握酒糟的保存和饲喂方法。新鲜酒糟要与其他饲料配合喂牛,且酒糟用量应限制在日粮的 1/3 以下。酒糟应尽可能新鲜喂给,力争在短时间内喂完。用不完的酒糟妥善贮存,可将其紧压缸内,以隔绝空气。如堆放保存,则不宜过厚,并避免日晒,以防腐败变质。严重发霉腐败的酒糟应废弃。②控制用量,适当搭配。一般以不超过饲粮的 20%～30% 为宜,妊娠母牛应减少喂量。添加时应由少到多逐渐增加。饲槽定期(1 次/3 天)用石灰水冲洗。轻微酸败的酒糟,应先以 1% 石灰水浸泡半小时以上,以中和酸度,降低毒性,然后再以少量和其他饲料搭配饲喂。

一旦发生本病,应立即停喂酒糟,腹泻不明显的牛可内服盐类泻剂,促进排毒。对于瘤胃臌胀的可施行瘤胃穿刺术放气。气体排除后,为防止复发,经套管向瘤胃内注入"消气灵"5 毫升。解除酸中毒,用 1% 碳酸氢钠液 500 毫升,一次灌服。对症治疗,肌内注射安钠咖注射液 10 毫升,同时静脉滴注 10% 葡萄糖氯化钠注射液 2 000 毫升,每天输液 1 次,连用 3 天。兴奋不安的使用镇静剂如静脉注射硫酸镁、水合氯醛、溴化钙。经用上述综合性治疗措施，1周后病牛逐渐恢复健康。对慢性酒糟中毒，应注意补钙。

13. 如何防控栎树叶中毒？

栎树叶中毒又称橡树叶中毒，俗称青杠树叶中毒，是由牛过食栎树的幼嫩枝叶及其果实所致。临床上以前胃弛缓、体表下垂部的水肿、体腔积液以及血尿、蛋白尿、管型尿等肾病综合征的症状为特征。主要发生于牛，尤其是耕牛。

【发病原因】　栎树叶及栎实中的有毒成分是一种水溶性没食子鞣酸中的多羟基酚。春季新发的幼牙、嫩枝、嫩叶中鞣酸含量最高，促使中毒的发生是饲料不足，即在养牛时没有做好充足的饲料准备，或因受自然灾害的影响，致使饲料减收，牛放牧山坡因饥饿或喜吃青而采食过多后发生中毒。中毒常发生于3月下旬至5月上旬。因为此时正值栎树叶萌发，牛又喜食新鲜的青嫩叶，大量采食发生中毒。这种情况在被过度砍伐的栎林区更加严重，因为每年春季从被砍伐的断桩、矮茬上丛生出大量新枝条，形成次生矮林，在该地区放牧的牛更易采食到大量栎树叶而中毒。也有采集栎树叶喂牛或垫圈，被牛采食而引起中毒的报道。尤其是前一年因旱涝灾害造成饲料缺乏或贮存不足，翌年春季干旱，牧草萌发较迟，牛不得不采食栎树叶嫩芽而大批发病。当采食的栎树叶占日粮的50%以上时即可引起牛中毒，超过75%时会死亡。

【临床症状】　一般在大量采食栎树叶5～15天后出现中毒症状。病初精神沉郁，食欲减退，厌食青草而喜食干草，瘤胃蠕动减弱，反刍减少，肠音低沉，频频排尿，尿量增多，尿液清亮，有的出现血尿。继而尿量减少甚至无尿，出现磨牙、不安、后退、后坐、回顾腹部和后肢踢腹等腹痛综合征的症状。在下颌间隙、胸前、腹下、会阴、公牛阴鞘、肛门周围、肉垂和股内侧出现皮下水肿，触诊呈捏粉样硬度，腹腔积水。排粪干硬而少，呈柿饼状，色黑，表面附有黏液或纤维性黏稠物,有时混有血液。有的粪便干小呈串珠状,严重者排出黑红色或焦黄色糊状粪便。随着肠道病变的发展,舌面有灰白腻滑的舌苔,口腔深部黏膜有豆大的浅溃疡灶,鼻镜干燥甚至龟裂。体温正常或偏低。病至后期,病牛虚弱无力,常卧地不起,最后因肾功能衰竭而死亡。

【防控措施】 本病的预防主要是在发病区做好冬春饲草的贮存工作。在发病季节不在栎树林中放牧,不采集栎树叶喂牛,不用栎树叶垫圈;或者采用半天舍饲、半天放牧或加喂夜草等补饲措施,使牛采食栎树叶占日粮的比例在 50%以下;或者在每日下午放牧后灌服 0.05%高锰酸钾溶液 4 000 毫升。

本病目前尚无特效解毒方法。一旦发现病牛应立即停止在栎树林放牧或饲喂栎树叶,供给优质青草和青干草,加强护理,同时采取排毒、解毒、强心、利尿、补液等治疗措施。排除毒物可灌服植物油(禁用盐类泻剂)250～500 毫升;或蜂蜜 250～500 克,鸡蛋清 10～20 个,混合一次灌服;或用 1%～3%食盐溶液 1～3 升瓣胃注射。解毒可用 10%硫代硫酸钠注射液 100～200 毫升静脉注射,每天 1 次,连用 2～3 天,对早期病例有效。也可用 10%～25%葡萄糖注射液 500～1 000 毫升静脉注射。强心补液可用 10%～20%安钠咖注射液静脉或肌内注射;对机体衰弱,体温偏低,心力衰竭,肾性水肿的病牛,可使用 5%～10%葡萄糖注射液、葡萄糖生理盐水、复方氯化钠注射液(林格氏液)1 000～2 000 毫升,加 20%安钠咖注射液 20 毫升,静脉注射。病初还可给予有清热、解毒、利水功效的荆防败毒散,中期可用有润肠通便、利水、解毒的加减解毒散,后期可用有补中益气、壮阳健脾的补中益气当归汤(加减)。

荆防败毒散:荆芥、防风、连翘、银花、土茯苓、泽泻、茵陈、木通、滑石、前仁、枳壳各 20 克,麻仁 250 克,陈皮 30 克,甘草 10 克,每天 250～300 克,开水溶化,候温灌服,连用 3～5 天。

加减解毒散：银花、连翘、黄柏、陈皮、茵陈、大戟、茯苓皮、粉葛、泽泻、木通、草蔻、枳壳、石膏、柴枯各 31 克,滑石 70 克,火麻仁 500 克,铁马鞭 250 克,菜油 300～400 克,开水溶化,候温灌服,连用 3～5 天。

补中益气当归汤：党参、黄芪、前仁、五加皮各 70 克,当归、大枣、玄参、白术、陈皮、苍术、泽泻、山楂、神曲、厚朴、杜仲各 35 克,通草 10 克,每天 300～400 克,开水溶化,候温灌服,连用 3～5 天。

14. 如何防控蕨中毒?

蕨又名蕨菜、蕨萁、龙头菜、山凤菜、如意草等。蕨中毒是由于动物采食大量蕨科中有毒蕨属植物引起的中毒性疾病。临床上以高热、贫血和全身出血综合征(急性中毒)或膀胱肿瘤、血尿(慢性中毒)为特征。以牛的发病率和病死率最高。

【发病原因】　在过度利用的草场、不合理开垦的山林草地上常常滋生大量蕨类植物。由于它们在春季萌芽早于其他牧草,易被以放牧为主的牛在短期内大量采食而中毒。

【临床症状】　急性蕨中毒以高热、贫血、血液凝固障碍和全身广泛性出血为特征。病牛流涎,腹痛,食欲减退或废绝,瘤胃蠕动减弱或停止,皮肤和可视黏膜点状出血,还可见鼻衄、血汗、便血、血尿、血乳和天然孔出血,外伤易造成皮下或肌间血肿。部分病牛因咽喉水肿、麻痹造成呼吸困难、窒息而死亡。家畜过量或较长时间采食后,会发生慢性蓄积中毒,发病初期,精神沉郁,粪便稀软不成堆,行走时,步态跟跄,后躯摇晃无力,关节肿胀,食欲差,咀嚼缓慢,常凝神呆立,可见口角、下唇流出带血和黏液性唾液,打开口腔舌根、舌面有散在性出血点。2～3 天后体温突然升高到 40.0℃～42.0℃,食欲、反刍减退,有的甚至停止,这时病牛常表现不安,回顾腹部,后肢踢腹,用手压腹部有疼痛感,并发出嘶叫声,频频努责,并排出带血凝块的粪便,哺乳母牛泌乳停止,妊娠后期的母牛发生流产,少数病牛鼻出血,腹下、乳房、会阴部呈蜡黄色或苍白色,并有出血点或淤血块,排血便并混有新鲜血液,排尿痛苦,尿中带血。

【防控措施】 对本病的预防主要加强管理,在早春应避免到蕨生长茂盛的草场、林地放牧。对本病的治疗目前尚无特效疗法。对于重症中毒及慢性中毒牛,无治疗价值,应及早淘汰。对轻症中毒牛可采取输血、输液、对症治疗等方法。

①中药治疗 秦艽、炒蒲黄、瞿麦、车前子、天花粉、黄芩、半枝莲、金银花各 30 克,白花蛇舌草、红花、当归、白芍、栀子、淡竹叶各 20 克,甘草 40 克,混合煎水,煮沸 10～15 分钟后再加大黄 100 克,混合煎熬 5～10 分钟即可,冷却到 35℃～38℃灌服。以上为 1 天用药量,每天分 2 次,每次灌服 1500～2 000 毫升,连用 2～3 天。

②西药治疗 维生素 B_1 150 毫克、维生素 C 1 000 毫克、维生素 B_{12} 0.25 毫克,磷酸氢钙 120 克,混合灌服,每天 1 次,连服 2～3 天;肌内注射 10%安钠咖注射液 20～30 毫升;皮下注射 1%硫酸阿托品 5～10 毫升,每天 1 次,连用 2～3 天;内服硫酸钠 50～100 克,硫酸铜 1～2 克,以催吐排除胃内有毒物质;为防继发感染,可选用广谱抗生素或磺胺类药物对症治疗。

15. 如何防控有机氯中毒?

本病是由于牛误食有机氯农药喷洒过的植物,或饮用含有机氯农药的水,以及在治疗体外寄生虫时使用过量而发生的中毒性疾病。常见的有机氯农药有滴滴涕、六六六、氯丹、艾氏剂和七氯等。

【发病原因】 发生本病的主要原因是饲养管理不当和有机氯农药保管和使用不当造成的。当有机氯农药污染了草、料和饮水,牛误食、误饮而中毒。牛采食了喷洒有机氯农药不久的作物、蔬菜和麦草而发生中毒。在防治体外寄生虫时,药物浓度配制过高、涂布面积过大,经皮肤吸收,或相互舔舐而中毒。

【临床症状】　急性中毒病例,流涎,腹泻,体温升高,肘部、股部肌肉震颤,眼睑闪动,可视黏膜发红,呼吸困难,惊慌不安,常做后退动作或转圈运动,行动不自主,失去平衡而倒地,四肢乱蹬,角弓反张,空嚼,磨牙,口吐白沫,这些症状反复发作,间歇期由长变短,病情逐渐加剧,后因呼吸中枢衰竭而死亡。轻度中毒者,食欲减少,逐渐消瘦;突然发病者,局部肌肉震颤,四肢行动不便,衰弱无力,甚至后躯麻痹。慢性胃肠炎,排出稀粪。

【防控措施】　本病的预防措施主要是加强有机氯农药的保管、使用,防止对环境的污染和被牛误食;严禁在喷洒过有机氯农药的地区放牧;喷洒药物的农作物、蔬菜、牧草应于1～1.5个月以后再放牧;驱除体外寄生虫可应用其他药物,如应用有机氯农药时,应严格遵守用药的浓度、用量和方法,严禁随意滥用。已发生中毒的病牛的乳汁,其中含有毒物,故严禁饲喂犊牛和出售。

一旦发生本病,可以采取以下方法进行紧急处理:①切断毒物继续进入体内的途径,防止毒物的继续吸收,了解毒物的性质,采取相应的措施。经皮肤吸收中毒者,可用清水或1%～5%碳酸氢钠溶液彻底清洗牛体,尽早清除皮肤上的毒物。经消化道吸收中毒者,可采用洗胃和灌服盐类泻剂。如为六六六、滴滴涕中毒,可用1%～5%碳酸氢钠溶液洗胃;若为艾氏剂中毒,可用0.1%高锰酸钾溶液或过氧化氢溶液洗胃。泻剂可用人工盐200～350克、硫酸镁500～1 000克加水灌服,以清除消化道内的毒物。由于六六六、滴滴涕为脂溶性的,能促进机体的吸收,故严禁使用油类泻剂。②促进毒物排出,保护肝脏,解除酸中毒,增强机体抵抗力。5%葡萄糖生理盐水、复方氯化钠注射液、5%～10%葡萄糖注射液3 000～6 000毫升,一次静脉注射。5%碳酸氢钠注射液1 000～1 500毫升,一次静脉注射。10%葡萄糖酸钙注射液500～1 000毫升，一次静脉注射，以缓解血钙降低。③对症疗法。为缓解痉挛，可用水合氯醛，剂量为 15～25 克，加水一次灌服；巴比妥钠 0.2～0.4 克/100 千克体重，或盐酸氯丙嗪注射液 1～2 毫克/千克体重，肌内注射。由于有机氯农药对心脏的直接毒害，对肾上腺素非常过敏，易导致心室颤动，故严禁使用肾上腺素制剂。

16. 如何防控黄曲霉毒素中毒？

黄曲霉毒素中毒是人兽共患并具有严重危害性的真菌毒素中毒性疾病。主要侵害肝脏，具有致癌作用。病牛多呈慢性经过。以全身出血、消化功能紊乱、腹水、神经症状等为临床特征。

【发病原因】 黄曲霉毒素目前已发现有 20 种之多，其中以黄曲霉毒素 B_1、B_2、G_1 和 G_2 毒力较强，尤其是黄曲霉毒素 B_1 最强。黄曲霉毒素是由黄曲霉和寄生曲霉等产生的真菌毒素。这些产毒霉菌广泛存在于自然界中，在最适宜的繁殖、产毒条件如基质水分在 16% 以上、空气相对湿度 80% 以上、温度 24℃～30℃时，污染玉米、花生、豆类、棉籽、麦类、大米、秸秆及其副产品酒糟、油粕、酱油渣等，可产生大量霉毒素。本病发生原因多半是牛采食或饲喂了被上述产毒真菌污染的玉米、花生及花生饼、豆类、麦类及其加工副产品。

【流行病学】 本病一年四季均可发生，但在多雨季节和地区（如我国长江沿岸及其以南地区），温度和湿度又较适宜时，若饲料加工、贮藏不当，更易被黄曲霉菌所污染。黄曲霉和寄生曲霉等广泛存在于自然界，如土壤、空气、各种谷物及其副产品等。

【临床症状】 成年牛多呈慢性经过，死亡率较低。表现厌食，磨牙，前胃弛缓，瘤胃臌胀，间歇性腹泻，泌乳量下降，妊娠母牛早产、流产。3～6 月龄犊牛对本病较为敏感，死亡率高。黄曲霉毒素中毒也可干扰牛的血液凝固机制，导致皮下血肿的发生。在新生犊牛也可观察到典型的肝损伤，被认为是该毒素通过胎盘后呈现毒性作用的结果。奶牛多呈慢性经过,表现厌食,消瘦,精神淡漠及委顿,一侧或两侧角膜浑浊,尤其是犊牛。任何年龄的牛都出现腹水,间歇性腹泻。奶牛产奶量减少或停止,间或发生流产。少数病例呈现中枢神经兴奋症状,突然转圈运动,最后昏厥、死亡。

【防控措施】 对本病的预防主要是从根本抓起,防止玉米等霉变,具体措施有以下 3 种:

一是防止饲料霉变。防霉是预防黄曲霉素中毒的根本措施。玉米、花生等收获时必须充分晒干,种子或油饼切勿放置阴暗潮湿处而致使发霉。已被污染的处所可将门窗密闭,采用福尔马林、高锰酸钾水溶液熏蒸(每立方米空间用福尔马林 25 毫升、高锰酸钾 25 克、水 12.5 毫升的混合液)或过氧乙酸喷雾(每立方米空间用 5%溶液 2.5 毫升)进行消毒,必要时用防霉剂如丙酸盐熏蒸防霉。

二是霉变饲料的去毒处理。至于轻度发霉饲料,可先进行磨粉,然后按 1:3 比例加入清水浸泡,反复换水,直至浸泡的水呈现无色为止。经过处理后仍必须与其他精饲料配合应用。对重度发霉饲料应坚决废弃,尚可利用的饲料应进行脱毒处理。

常用的去毒方法有:①化学处理法。最常用的是碱处理法。通常用 5%~8%石灰水浸泡霉败饲料 3~5 小时,再用清水冲洗可将毒素除去。②物理吸附法。常用的吸附剂为活性炭、白陶土、黏土、高岭土、沸石等,特别是沸石可牢固地吸附 AFT,从而阻止 AFT 经胃肠道吸收。目前,国内外学者正在研究用日粮中添加适宜的特定矿物质去除 AFT 的方法,如在鸡的含 AFT 日粮中添加 0.4%钠皂土,能明显改善 AFT 对吞噬作用的不利影响,亦能明显改善 AFT 引起新城疫免疫鸡 HI 滴度的减少。③微生物去毒法。据报道,无根根霉、米根霉、橙色黄杆菌对除去粮食中 AFT 的效果较好。

三是定期监测饲草、饲料中 AFT 含量,以不超过我国规定的最高容许量标准。

目前,对本病尚无特效疗法。发现中毒时,应立即停喂霉败饲料,改喂富含碳水化合物的青绿饲料和高蛋白饲料,减少或不喂含脂肪过多的饲料。一般轻症病例,不用任何药物治疗,可自然康复。重症病例,应及时投服泻剂如硫酸钠、人工盐等,加速胃肠道毒物的排出。同时,采用保肝和止血疗法,可静脉滴注 20%～50%葡萄糖注射液、肝泰乐、维生素 C 注射液、葡萄糖酸钙注射液或 10%氯化钙注射液。心脏衰弱时,皮下或肌内注射强心剂。为了控制继发性感染,酌情应用青、链霉素等抗生素,但切忌用磺胺类药物。

17. 如何防控黑斑病甘薯中毒?

黑斑病甘薯中毒又称霉烂甘薯中毒,俗称牛喘气病或牛喷气病,是牛采食了一定量的黑斑病、软腐病、象鼻虫病的病甘薯后,发生的一种以急性肺水肿与间质性肺气肿、严重呼吸困难以及皮下气肿为特征的中毒性疾病。

【流行病学】 本病的发生有明显的季节性,常发生于春末夏初留种甘薯的出窖期,或晚冬甘薯窖潮湿或温度增高时,即每年从10 月份至翌年 4～5 月间为发病的高峰期。甘薯发生霉烂的原因很多,除由于黑斑病外还可由于根腐病、黑痣病等以及温度和湿度变化而发生霉烂等。特别是某些品种的甘薯,由于水分和糖分含量较高,当贮藏的温度、湿度适宜某些霉菌增殖时,就可产生毒素。牛食入了多量的发霉甘薯后即可发病。

【临床症状】 症状出现快慢和严重程度因饲喂黑斑病甘薯的量、毒性大小和牛个体体质状态等不同而有所差别。一般多突然发生,通常在采食后 24 小时发病。一般采食量少、霉烂程度轻的甘薯,症状常不明显,病程虽较长,但易于耐过康复;反之,采食量多且霉烂严重的甘薯,于短时间内发病,症状明显,较快地窒息死亡。慢性中毒发病后精神沉郁,肌肉震颤,食欲及反刍减退,或完全停止,体温正常。病牛鼻翼扇动,张口伸舌,头颈伸展,并取长期站立姿势以增加呼吸量,但最终仍不能满足气体交换的需要而发展为严重的缺氧状态,可视黏膜发绀,由于呼吸困难,有大量鼻液及唾液呈泡沫状不断流出,眼球突出,瞳孔散大,呈现窒息状态。四肢末梢冷凉。体温多正常。急性者,食欲和反刍很快停止,全身肌肉震颤,体温一般无显著变化,在发病 1～3 天内死亡。

【防控措施】　对本病的预防应做到避免牛采食黑斑病甘薯,防止甘薯霉烂。首先防止甘薯黑斑病的传染,可用温汤(50℃温水浸渍 10 分钟)浸种及温床育苗。在收获甘薯时,尽量勿擦伤表皮。贮藏时地窖应干燥密封,温度应控制在 11℃～15℃。有病甘薯不能作种用,霉烂甘薯及其副产品如酒精、粉渣等不得喂牛。霉烂甘薯及病甘薯的幼苗,应集中深埋、沤肥和火烧等处理,严禁乱丢,严防被牛误食。

本病目前尚无特效解毒药,治疗原则为迅速排出毒物、解毒、缓解呼吸困难以及对症疗法,具体措施如下:

一是排出毒物及解毒。如果早期发现,在毒物尚未完全被吸收前,通常采用洗胃和内服氧化剂两种方法。洗胃,用生理盐水大量灌入瘤胃内,再用胶管吸出,反复进行,直至瘤胃内容物的酸味消失。洗瘤胃后,用碳酸氢钠 500 克、硫酸镁 500 克、克辽林 20克,溶于水中投服。也可内服氧化剂,1% 高锰酸钾溶液 1 500～2 000 毫升,或 1% 过氧化氢溶液 500～1 000 毫升,一次灌服。排毒可应用泻剂,还可静脉放血 1 000～5 000 毫升,在放的同时,可注射等量的复方氯化钠注射液。

二是缓解呼吸困难,宜使用氧化剂。5%～20% 硫代硫酸钠注射液 100～200 毫升,静脉注射;3% 过氧化氢溶液 125～150 毫升与 3 倍以上的生理盐水或 5% 葡萄糖生理盐水,缓慢静脉注射。亦可同时加入维生素 C 注射液 1～3 克。此外,尚可用输氧疗法。

三是对症疗法。出现肺水肿时,可用 50% 葡萄糖注射液 500

毫升,10％氯化钙注射液 100 毫升,20％安钠咖注射液 10 毫升,混合,一次静脉注射。呈现酸中毒时,应用 5％碳酸氢钠注射液 250～500 毫升,一次静脉注射;胰岛素注射液 150～300 单位,一次皮下注射。为了提高肝肾解毒、排毒功能,可静脉注射维生素 C 和等渗葡萄糖注射液,剂量可适当增大。这些药物有助于细胞的内呼吸,可防止内出血,促进红细胞、血红蛋白及网织红细胞的产生,对治疗本病有一定帮助。

四是中药疗法。可试用白矾散:白矾、贝母、白芷、郁金、黄芩、大黄、葶苈子、甘草、石韦、黄连、龙胆草各 50 克,冬枣 200 克,煎水调蜜内服。轻症 1 剂,重症 3～4 剂。有条件的地方,皮下注射氧气 18～20 升,对于价值较高的牛,亦可经鼻管给氧。

附录　奶牛常用免疫程序

免疫年（月）龄	使用疫苗	免疫方法	剂　量	备　注
3月龄	口蹄疫O-亚Ⅰ型二价灭活疫苗	肌内注射	1毫升	
4月龄	口蹄疫O-亚Ⅰ型二价灭活疫苗	肌内注射	2毫升	
每隔6个月	口蹄疫O-亚Ⅰ型二价灭活疫苗	肌内注射	2毫升	
5月龄	布鲁氏菌病活疫苗（S₂株）	口服	5头份	初次服苗1个月后再加强免疫1次

注：1. 口蹄疫：新补栏牛要及时补针；所有妊娠母牛必须进行免疫，为减轻免疫副反应，可将疫苗多点多次注射

2. 布鲁氏菌病：每18个月免疫1次，剂量为5头份（须在血检阴性时免疫）

3. 牛传染性鼻气管炎疫苗：犊牛4～6月龄接种，空怀青年母牛在第一次配种前40～60天接种，妊娠母牛在分娩后30天接种，免疫期6个月。妊娠母牛不接种。已注射过该疫苗的牛场，对4月龄以下的犊牛，不接种任何疫苗

4. 牛病毒性腹泻灭活苗和弱毒苗：灭活苗任何时候都可以使用，妊娠母牛也可以使用，第一次注射后14天应再注射1次。弱毒苗犊牛1～6月龄接种，空怀青年母牛在第一次配种前40～60天接种，妊娠母牛在分娩后30天接种，免疫期6个月

5. 牛副流感Ⅲ型疫苗：犊牛于6～8月龄时注射1次

参 考 文 献

[1] 李贵兴.家畜疾病诊疗手册.上海:上海科学技术出版社,2009.

[2] 沈广,等.经济动物群发病学.北京:北京农业大学出版社,1993.

[3] 覃国森.养牛与牛病防治.北京:中国农业出版社,2006.

[4] 执业兽医资格考试应试指南编写组.执业兽医资格考试应试指南.北京:中国农业出版社,2009.

[5] 宣华.牛病防治手册.北京:金盾出版社,2004.

[6] 张宏伟,等.动物寄生虫病.北京:中国农业出版社,2006.

[7] 张宏伟,等.动物疫病.北京:中国农业出版社,2009.

[8] 朴范泽,等.兽医全攻略牛病.北京:中国农业出版社,2009.

[9] 蒋兆春,等.牛病鉴别诊断与防治.北京:金盾出版社,2009.

[10] 王哲,等.兽医手册.北京:科学出版社,2001.

[11] 郭定宗,等.兽医内科学.北京:中国农业出版社,2005.

[12] 陈溥言,等.兽医传染病学.北京:中国农业出版社,2006.

金盾版图书，科学实用，
通俗易懂，物美价廉，欢迎选购

科学养牛指南	29.00 元	奶牛乳房炎防治	10.00 元
养牛与牛病防治(修订版)	8.00 元	奶牛无公害高效养殖	9.50 元
奶牛良种引种指导	8.50 元	奶牛实用繁殖技术	6.00 元
奶牛饲料科学配制与应用	15.00 元	奶牛肢蹄病防治	9.00 元
奶牛高产关键技术	12.00 元	奶牛配种员培训教材	8.00 元
奶牛肉牛高产技术(修订版)	10.00 元	奶牛修蹄工培训教材	9.00 元
奶牛高效益饲养技术(修订版)	16.00 元	奶牛防疫员培训教材	9.00 元
怎样提高养奶牛效益(第2版)	15.00 元	奶牛饲养员培训教材	8.00 元
奶牛规模养殖新技术	21.00 元	奶牛繁殖障碍防治技术	6.50 元
奶牛高效养殖教材	5.50 元	肉牛良种引种指导	8.00 元
奶牛养殖关键技术200题	13.00 元	肉牛饲料科学配制与应用	10.00 元
奶牛标准化生产技术	10.50 元	肉牛无公害高效养殖	11.00 元
奶牛围产期饲养与管理	12.00 元	肉牛快速肥育实用技术	16.00 元
奶牛健康高效养殖	14.00 元	肉牛高效益饲养技术(修订版)	15.00 元
农户科学养奶牛	16.00 元	肉牛健康高效养殖	13.00 元
奶牛挤奶员培训教材	8.00 元	肉牛育肥与疾病防治	15.00 元
奶牛场兽医师手册	49.00 元	肉牛高效养殖教材	5.50 元
奶牛疾病防治	10.00 元	优良肉牛屠宰加工技术	23.00 元
奶牛常见病综合防治技术	13.00 元	肉牛饲养员培训教材	8.00 元
奶牛胃肠病防治	6.00 元	秸秆养肉牛配套技术问答	11.00 元
		奶水牛养殖技术	6.00 元
		牦牛生产技术	9.00 元
		牛病防治手册(修订版)	12.00 元
		牛病鉴别诊断与防治	10.00 元
		牛病中西医结合治疗	16.00 元

疯牛病及动物海绵状脑病防制	6.00元	羊场畜牧师手册	35.00元
牦牛疾病防治	6.00元	羊场兽医师手册	34.00元
西门塔尔牛养殖技术	6.50元	羊病防治手册(第二次修订版)	14.00元
牛羊人工授精技术图解	15.00元	羊防疫员培训教材	9.00元
牛羊猝死症防治	9.00元	羊病诊断与防治原色图谱	24.00元
现代中国养羊	52.00元	羊霉形体病及其防治	10.00元
羊良种引种指导	9.00元	南江黄羊养殖与杂交利用	6.50元
养羊技术指导(第三次修订版)	15.00元	绵羊山羊科学引种指南	6.50元
科学养羊指南	28.00元	羊胚胎移植实用技术	6.00元
农户舍饲养羊配套技术	17.00元	肉羊健康高效养殖	13.00元
羔羊培育技术	4.00元	肉羊饲料科学配制与应用	13.00元
肉羊高效养殖教材	6.50元	农区肉羊场设计与建设	11.00元
肉羊高效益饲养技术(第2版)	9.00元	图说高效养兔关键技术	14.00元
秸秆养肉羊配套技术问答	10.00元	科学养兔指南	35.00元
怎样提高养肉羊效益	10.00元	简明科学养兔手册	7.00元
良种肉山羊养殖技术	5.50元	专业户养兔指南	12.00元
南方肉用山羊养殖技术	9.00元	实用养兔技术(第2版)	10.00元
肉羊饲养员培训教材	9.00元	新法养兔	15.00元
怎样养山羊(修订版)	9.50元	养兔技术指导(第三次修订版)	12.00元
奶山羊高效益饲养技术(修订版)	6.00元	长毛兔高效益饲养技术(修订版)	13.00元
小尾寒羊科学饲养技术	8.00元	怎样提高养长毛兔效益	10.00元
波尔山羊科学饲养技术	12.00元	长毛兔标准化生产技术	13.00元

以上图书由全国各地新华书店经销。凡向本社邮购图书或音像制品,可通过邮局汇款,在汇单"附言"栏填写所购书目,邮购图书均可享受9折优惠。购书30元(按打折后实款计算)以上的免收邮挂费,购书不足30元的按邮局资费标准收取3元挂号费,邮寄费由我社承担。邮购地址:北京市丰台区晓月中路29号,邮政编码:100072,联系人:金友,电话:(010)83210681、83210682、83219215、83219217(传真)。